Criar para Brincar

Nylse Helena Silva Cunha

Criar para Brincar

a sucata como recurso pedagógico

4ª edição
1ª reimpressão
São Paulo / 2013

**TEXTO DE ACORDO COM
A NOVA ORTOGRAFIA**

EDITORA AQUARIANA

Título original: "Brincar, Pensar e Conhecer" de Nylse Helena Silva Cunha
Copyright © 1997, Nylse Helena Silva Cunha

Revisão: Nylse Helena Silva Cunha
Antonieta Canelas
Ilustrações de miolo: Vagner Vargas
Diagramação: Ediart
Capa | Ilustração: Vagner Vargas
Arte-final: Niky Venâncio

CIP-BRASIL. CATALOGAÇÃO-NA-FONTE
SINDICATO NACIONAL DOS EDITORES DE LIVROS, RJ

C977c
4.ed.
Cunha, Nylse Helena da Silva
   Criar para brincar : a sucata como recurso pedagógico / Nylse Helena Silva Cunha. - 4.ed. 1. reimp. - São Paulo : Aquariana, 2013.
   190p. : il. ; 28cm

   Inclui índice
   Bibliografia: p. 187
   ISBN 978-85-7217-102-1

   1. Brinquedos - Confecção. 2. Brinquedos pedagógicos - Confecção. 3. Sucata - Reaproveitamento. 4. Psicomotricidade. I. Título.

08-5344.   CDD:688.725
                 CDU: 688.72:37

08.01.13   08.01.13   010063

Partes desta obra foram publicadas no livro
"Brincar, Pensar e Conhecer" da Editora Tempo, 1999.

Direitos reservados:
Editora Aquariana Ltda.
Rua Lacedemônia, 87 S/L – Vila Alexandria
04634-020 São Paulo – SP
Tel.: (11) 5031.1500 / Fax: 5031.3462
vendas@aquariana.com.br
www.aquariana.com.br

*Aos que enxergam
o lado colorido da vida
e percebem o valor das coisas simples,
e assim, ao invés de descartar,
exercem a magia de transformar...*

Sumário

Introdução, 11

As Habilidades Motoras, 13

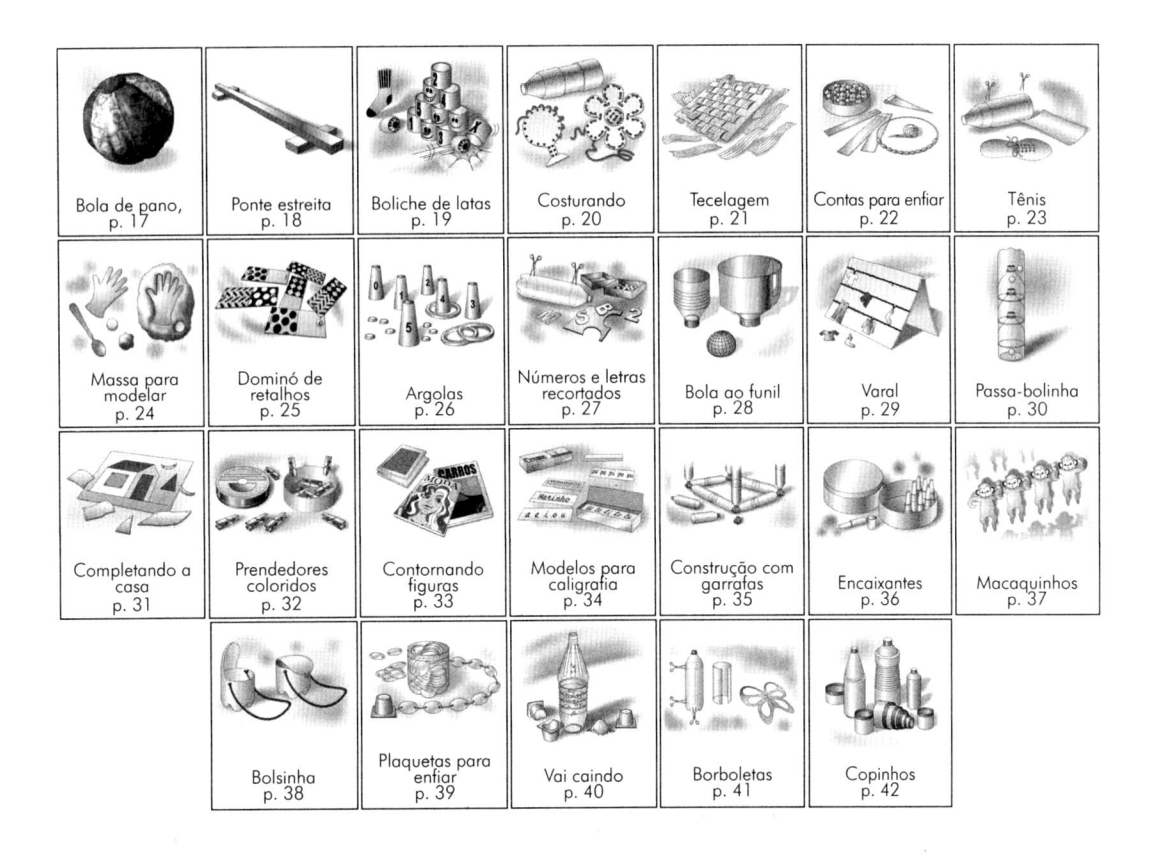

Bola de pano, p. 17	Ponte estreita p. 18	Boliche de latas p. 19	Costurando p. 20	Tecelagem p. 21	Contas para enfiar p. 22	Tênis p. 23
Massa para modelar p. 24	Dominó de retalhos p. 25	Argolas p. 26	Números e letras recortados p. 27	Bola ao funil p. 28	Varal p. 29	Passa-bolinha p. 30
Completando a casa p. 31	Prendedores coloridos p. 32	Contornando figuras p. 33	Modelos para caligrafia p. 34	Construção com garrafas p. 35	Encaixantes p. 36	Macaquinhos p. 37
	Bolsinha p. 38	Plaquetas para enfiar p. 39	Vai caindo p. 40	Borboletas p. 41	Copinhos p. 42	

As Percepções, 43

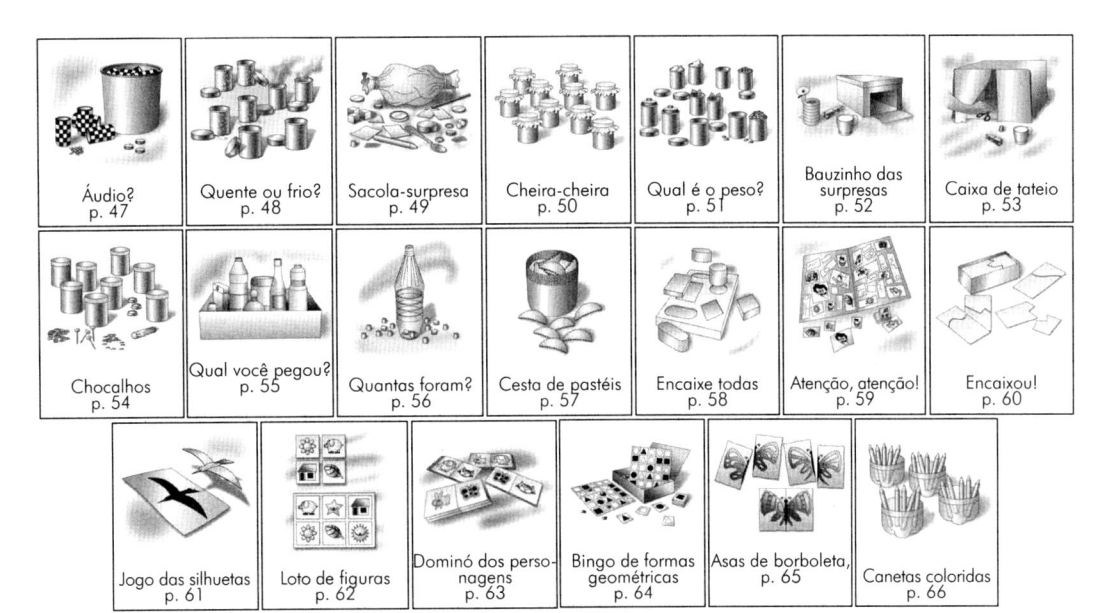

Áudio? p. 47	Quente ou frio? p. 48	Sacola-surpresa p. 49	Cheira-cheira p. 50	Qual é o peso? p. 51	Bauzinho das surpresas p. 52	Caixa de tateio p. 53
Chocalhos p. 54	Qual você pegou? p. 55	Quantas foram? p. 56	Cesta de pastéis p. 57	Encaixe todas p. 58	Atenção, atenção! p. 59	Encaixou! p. 60
	Jogo das silhuetas p. 61	Loto de figuras p. 62	Dominó dos personagens p. 63	Bingo de formas geométricas p. 64	Asas de borboleta, p. 65	Canetas coloridas p. 66

Esquema Corporal, 67

Boneco articulado p. 71	Mãos e pés p. 72	Você e o boneco p. 73	Máscaras p. 74	Retratos p. 75	Boneco p. 76

Estruturação Espaçotemporal, 77

Ampulheta p. 81	Fósforos p. 82	Palhacinho p. 83	Construindo o calendário p. 84	Que horas são? p. 85
Jogo das horas p. 86	Modelos com fósforos p. 87	Dominó dos relógios p. 88	Ritmos e sons p. 89	Olhe aqui, veja de lá p. 90

Pensamento, 91

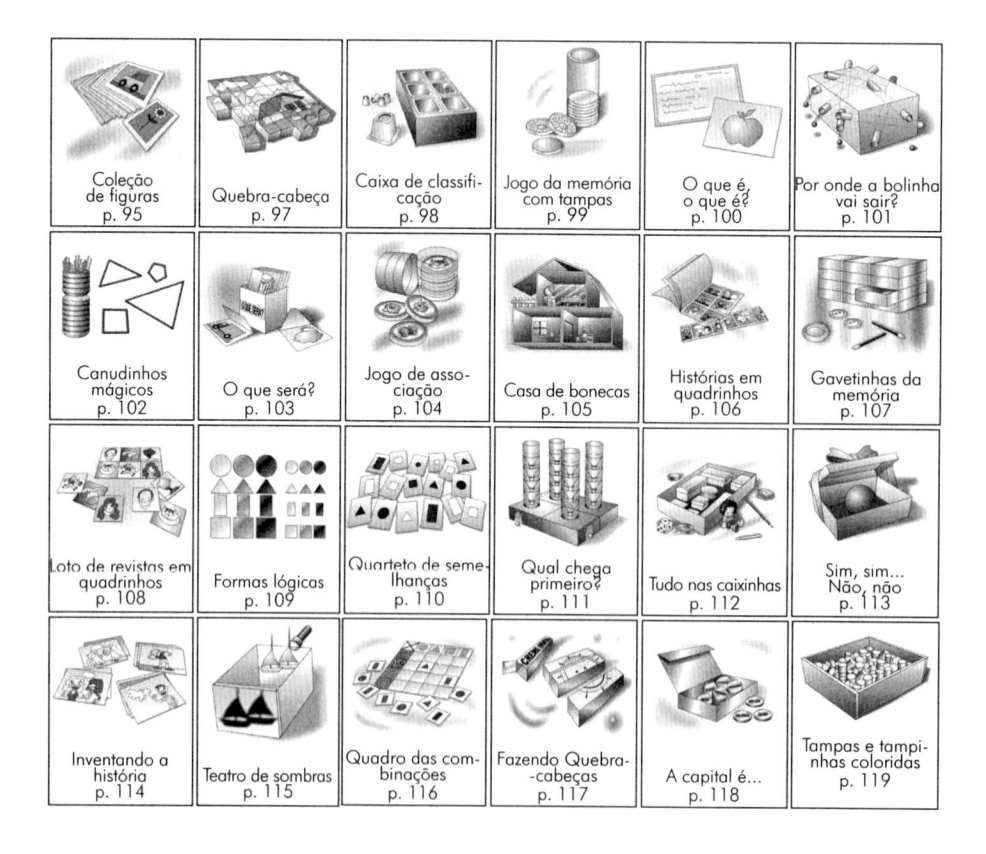

Coleção de figuras p. 95	Quebra-cabeça p. 97	Caixa de classificação p. 98	Jogo da memória com tampas p. 99	O que é, o que é? p. 100	Por onde a bolinha vai sair? p. 101
Canudinhos mágicos p. 102	O que será? p. 103	Jogo de associação p. 104	Casa de bonecas p. 105	Histórias em quadrinhos p. 106	Gavetinhas da memória p. 107
Loto de revistas em quadrinhos p. 108	Formas lógicas p. 109	Quarteto de semelhanças p. 110	Qual chega primeiro? p. 111	Tudo nas caixinhas p. 112	Sim, sim... Não, não p. 113
Inventando a história p. 114	Teatro de sombras p. 115	Quadro das combinações p. 116	Fazendo Quebra-cabeças p. 117	A capital é... p. 118	Tampas e tampinhas coloridas p. 119

Letras e Palavras, 123

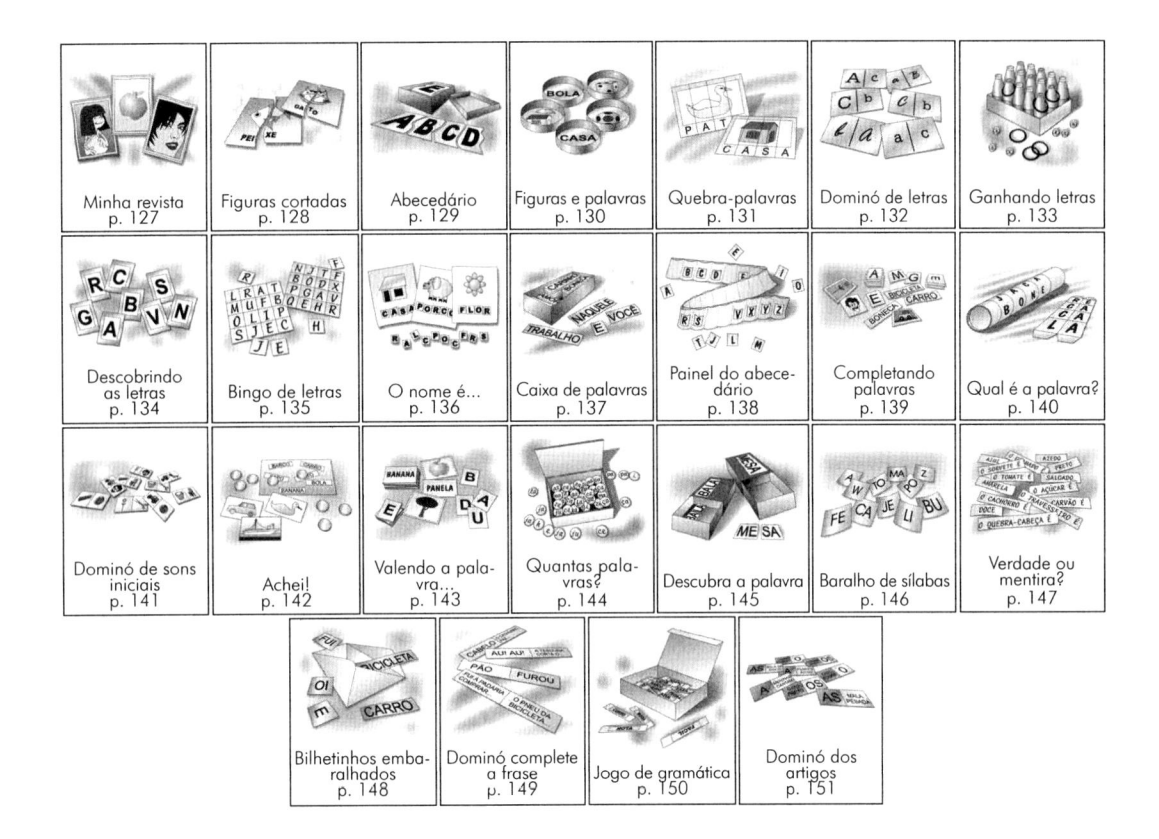

Minha revista p. 127	Figuras cortadas p. 128	Abecedário p. 129	Figuras e palavras p. 130	Quebra-palavras p. 131	Dominó de letras p. 132	Ganhando letras p. 133
Descobrindo as letras p. 134	Bingo de letras p. 135	O nome é... p. 136	Caixa de palavras p. 137	Painel do abecedário p. 138	Completando palavras p. 139	Qual é a palavra? p. 140
Dominó de sons iniciais p. 141	Achei! p. 142	Valendo a palavra... p. 143	Quantas palavras? p. 144	Descubra a palavra p. 145	Baralho de sílabas p. 146	Verdade ou mentira? p. 147
	Bilhetinhos embaralhados p. 148	Dominó complete a frase p. 149	Jogo de gramática p. 150	Dominó dos artigos p. 151		

A Matemática, 153

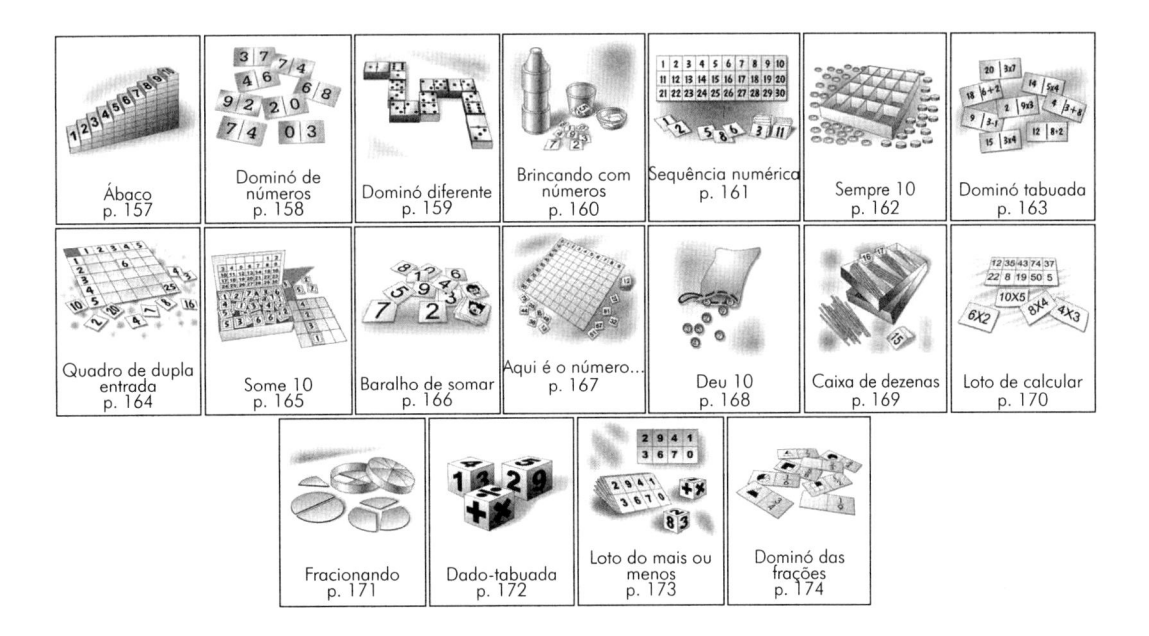

Ábaco p. 157	Dominó de números p. 158	Dominó diferente p. 159	Brincando com números p. 160	Sequência numérica p. 161	Sempre 10 p. 162	Dominó tabuada p. 163
Quadro de dupla entrada p. 164	Some 10 p. 165	Baralho de somar p. 166	Aqui é o número... p. 167	Deu 10 p. 168	Caixa de dezenas p. 169	Loto de calcular p. 170
	Fracionando p. 171	Dado-tabuada p. 172	Loto do mais ou menos p. 173	Dominó das frações p. 174		

Brincar, Jogar e Competir, 175
Os jogos mais tradicionais, 179

Jogo de dominó p. 179	Jogo de loto p. 180	Jogo da memória p. 181	Jogo de dados p. 182

A importância da embalagem, 183
A sucatoteca, 185

Bibliografia, 187
Índice analítico do conteúdo das atividades, 189

Prezado Educador,

Nós, que temos a oportunidade de poder participar ativamente do processo de desenvolvimento dos seres humanos, e que podemos observar de perto a construção do seu conhecimento, hoje sabemos que a aprendizagem, assim como o desenvolvimento, podem ser estimulados, e que essa estimulação pode acontecer de forma rica, criativa e agradável, preservando o prazer da descoberta e a alegria contida nas atividades que contribuem para elevar o autoconceito. Este livro é uma contribuição despretensiosa; contém sugestões de atividades que podem ser feitas pelas crianças sem atentar contra sua criatividade.

As SUGESTÕES PARA CONFECÇÃO DE JOGOS são tão simples que você ou as próprias crianças poderão fazer e... depois ter a satisfação de dizer "Fui eu quem fez".

As POSSIBILIDADES DE EXPLORAÇÃO são apenas algumas sugestões para dar a partida no processo que as crianças desencadeiam, quando começam a inventar novas regras e novas formas de utilizar os materiais.

As ATIVIDADES COMPLEMENTARES são uma extensão da abordagem da área de desenvolvimento ou do conteúdo abordado pelo jogo proposto. São jogos, exercícios e brincadeiras que podem ser realizados em sala de aula.

As ATIVIDADES GRÁFICAS aqui propostas saem da rotina dos livros didáticos, em que a criança já recebe os exercícios semiprontos: propõem o desenvolvimento da coordenação visomotora fina através de desenhos. Partindo sempre de uma folha em branco, a criança realiza exercícios gráficos que estimulam o desenvolvimento das habilidades necessárias à escrita.

No item PARA REFLEXÃO procurou-se provocar a análise de ideias, conceitos e pressupostos teóricos que podem subsidiar a ação do educador. Sem reflexão não há crescimento: as experiências que os educadores vivenciam, como mediadores do processo de aprendizagem das crianças, são extremamente ricas se forem acompanhadas de forma reflexiva. A observação atenta e a reflexão feita com interesse científico e com a humildade necessária ao trabalho consciente são a base de uma ação educativa responsável e eficaz, uma educação que consiga assegurar um autoconceito positivo para as crianças, preservando sua criatividade.

A autora

As Habilidades Motoras

A motricidade, o desenvolvimento intelectual e o desenvolvimento afetivo são interdependentes na criança. O estudo da psicomotricidade não se refere somente ao desempenho motor da criança, à sua lateralidade, à estruturação espaçotemporal ou às discriminações perceptuais que é capaz de realizar, ele abrange igualmente a formação do "eu" e as consequências da falta de um esquema corporal bem conscientizado.

O desempenho psicomotor de uma criança pode acontecer em sua plenitude através das experiências vividas por uma infância rica em oportunidades estimuladoras e naturais, como as situações que o brincar oferece.

A pré-escola, preocupada com o preparo da criança para que possa alcançar não somente bom nível de desempenho escolar, mas também uma boa qualidade de vida, planeja e proporciona atividades através das quais o desenvolvimento psicomotor possa alcançar seus melhores níveis.

***Encaixar, empilhar, construir, montar um quebra-cabeça são atividades que proporcionam exercício e desenvolvem habilidades, mas só serão brincadeiras se forem realizadas com prazer.
Caso contrário, serão apenas uma tarefa executada com brinquedos.***

Os jogos que requerem concentração de atenção e mobilização de habilidades são muito úteis, pois através deles as crianças se exercitam sem cansaço e conseguem realizar tarefas que talvez não conseguissem se não estivessem motivadas pela situação lúdica e livre de obrigatoriedade.

Bola de Pano

Estimula

Coordenação de movimentos amplos.
Desenvolvimento da ação antecipatória.

Descrição

Bola feita de retalhos de pano cortados em oito gomos. As extremidades são arrematadas com dois pequenos círculos de tecido. O recheio é feito de papel amassado ou de retalhos (neste caso fica mais pesada).

Possibilidades de Exploração

- Jogar e recolher a bola.
- Arremessar a bola a um alvo determinado: uma caixa colocada no chão, ou em cima de uma mesa.
- Pendurar um bambolê para que a bola seja arremessada através dele.

Atividades Complementares

- Jogo da Bola Cruzada: Dividir as crianças em dois grupos. Distribuí-las em duas fileiras, começando com um jogador do grupo A e a outra fileira com um jogador do grupo B. Completar as fileiras alternando os jogadores dos dois grupos, ou seja, após o jogador A, vem o jogador B. As fileiras deverão ficar uma de frente para a outra, com uma distância de 2 metros entre elas. O primeiro jogador de cada fila recebe uma bola. Dado o sinal de início, o primeiro jogador de cada fileira atira a sua bola ao segundo da fileira oposta, seu companheiro; este, ao terceiro também da fileira oposta. E, assim por diante, sempre em diagonal. Chegando ao último jogador, a bola deverá voltar ao primeiro, cruzando da mesma forma.

Atividades Gráficas

Encher uma folha com desenhos de bolas de vários tamanhos. Começar com bolas grandes, depois ocupar os espaços com bolas menores.

Para Reflexão

Uma bola de pano é um excelente brinquedo para provocar interação lúdica. Por ser macia, pode ser arremessada para outra criança sem perigo de machucar. É fácil de ser colhida e pode facilitar uma brincadeira que desenvolva sociabilidade. Jogar uma bola de pano para uma criança que está parada pode ser uma forma de provocar uma reação e dar início a uma atividade prazerosa.

Ponte Estreita

Estimula

Equilíbrio.
Uso inteligente da gravidade.
Eficiência dos movimentos do corpo.
Autocontrole.
Destreza.

Descrição

Tábua com 10 a 20 cm de largura e 2 m de comprimento apoiada nas extremidades em dois tocos ou dois objetos de madeira.

Possibilidades de Exploração

- Andar na tábua alternando os pés; dando passos para o lado; caminhando para trás; cantando música ritmada; carregando um saquinho de areia na cabeça.

Atividades Complementares

- Saltar em um pé só; fazer o mesmo com o outro pé.
- Caminhar carregando um livro na cabeça.
- Ficar em um pé só e contar alto para verificar quanto tempo permanece nesta posição.
- Repetir o mesmo exercício com os olhos fechados.
- Caminhar nas pontas dos pés com os braços levantados para cima.
- Caminhar sobre os calcanhares.
- Deitar no chão, de lado, e resistir com o corpo ao ser empurrado por outra criança que tenta rodá-lo.

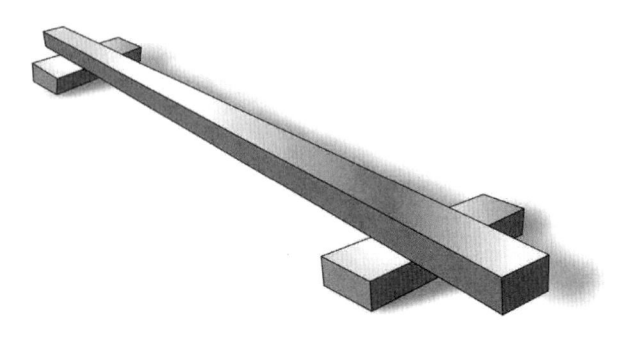

Atividades Gráficas

Colocar uma régua em cima de uma folha de papel em branco, no sentido horizontal. Riscar junto aos dois lados da régua e, depois, riscar no sentido oposto (verticalmente) sem levantar o lápis do papel e sem deixar o risco para fora das margens. Fazer a mesma coisa, riscando com a régua colocada no sentido vertical e fazendo o zigue-zague no sentido horizontal.

Para Reflexão

Desenvolver o equilíbrio é uma forma de aumentar o autocontrole de maneira geral. Concentrar a atenção no próprio corpo e nas suas possibilidades em relação ao espaço e às circunstâncias, aumenta a autoconfiança. Esta é uma forma de brincar que, através de um pequeno desafio, promove o desenvolvimento de habilidades físicas e mentais, visto que, o aumento da capacidade de concentrar a atenção certamente promove o aumento da capacidade de aprender.

Boliche de Latas

Estimula

Motricidade.
Coordenação motora ampla.
Coordenação visomotora.
Arremesso ao alvo.
Controle de força e direção.

Descrição

Bolas de meia feitas com algumas meias juntas, que são enfiadas no fundo de uma meia comprida. Para arrematar, torcer e desvirar o cano da perna da meia várias vezes, recobrindo a bola para, posteriormente, costurá-la. Latas vazias com números colados.

Possibilidades de Exploração

♦ Empilhar as latas fazendo um castelo.
♦ Jogar como boliche: cada jogador arremessa três bolas, tentando derrubar todas as latas.
♦ Contar os pontos de acordo com os números escritos nas latas derrubadas.
♦ Vence o jogo quem tiver feito mais pontos.

Atividades Complementares

❖ Desenhar um círculo na lousa e pedir às crianças que, a uma distância de 3 metros, atirem uma bola de meia dentro do círculo. Marcar quantas acertaram. Depois, desenhar um círculo menor e contar quantos acertaram. Reduzir o tamanho do círculo até ficar um ponto só. Analisar, com as crianças, as causas de o número de acertos ser maior ou menor.

Atividades Gráficas

Fazer um pequeno círculo no alto do canto direito de uma folha de papel em branco. Desenhar dez cruzinhas espalhadas pela folha. Em seguida, traçar retas unindo cada cruz ao círculo no canto da folha.

Para Reflexão

Estimular a criatividade da criança é a melhor maneira de desenvolver seu autoconceito. Quando a criança cria, sente-se capaz e torna-se mais confiante. Por mais singelo que seja um brinquedo que ela faça, é com muito orgulho que diz: "Fui eu que fiz", e, quanto mais ela fizer sozinha, mais independente e feliz se tornará.

Costurando

Estimula

Motricidade.
Coordenação visomotora.
Orientação espacial.
Criatividade.

Descrição

Lâmina de plástico mole, retirada de garrafa, na qual é desenhada e recortada uma forma escolhida: flor, animal ou qualquer outro desenho preferido pela criança. Ao redor de todo o contorno da figura foram feitos furos, com furador de papel, para que o fio de lã ou barbante passe pelas perfurações. É aconselhável passar cola nas extremidades do fio de lã ou barbante para que fique duro e sirva de agulha. Pode também ser usado fio plástico.

Possibilidades de Exploração

- Passar o fio pelos orifícios situados no contorno, alinhavando a figura.
- Preencher o espaço em volta da figura com a costura cobrindo suas bordas.

Atividades Complementares

- Pedir às crianças que tragam embalagens de plástico flexível, tais como garrafas de água sanitária, desodorante etc., mas bem lavadas.
- Riscar, com a régua colocada na posição vertical, em volta da embalagem, para marcar o lugar onde deverá ser recortada.
- Cortar a garrafa de forma a retirar a parte de cima e a parte de baixo.
- Cortar no sentido vertical o cone que sobrou e enrolá-lo ao contrário para que fique mais plano.
- Fazer um estoque de pedaços de plástico para serem utilizados na confecção de jogos.
- Inventar jogos em que se utilize o plástico como se fosse uma cartolina.

Atividades Gráficas

Fazer desenhos com tracinhos miúdos, imitando alinhavos.
Criar figuras que possam ser utilizadas para fazer alinhavos.

Para Reflexão

Quando a criança sente que confiam nela fica mais estimulada a realizar tarefas. As atividades feitas só por obrigação, nunca chegam a utilizar toda a amplitude do potencial que a motivação intrínseca pode alcançar. Por isso é tão importante dar espaço para as manifestações espontâneas e respeitar o interesse de cada uma.

Tecelagem

Estimula

Motricidade.
Tecer-entrelaçar.
Habilidade bimanual.
Concentração.
Orientação espacial.
Criatividade.
Coordenação visomotora.

Descrição

Retângulos de cartolina com recorte de tiras até 2cm da margem.
Tiras de cartolina em outra cor, da mesma largura das tiras do retângulo.

Possibilidades de Exploração

- Tecer formando um quadriculado simples.
- Tecer criando novos modelos.

Atividades Complementares

- Selecionar duas figuras idênticas e recortá-las de forma que, na primeira, o recorte seja horizontal (como na tecelagem acima) e, na segunda, os cortes sejam verticais. A segunda figura, ao ser enfiada na primeira, compõe uma figura igual.

Atividades Gráficas

Em papel quadriculado (de 0,01x0,01 cm), preencher os quadrados colorindo-os de modo a formar desenhos.

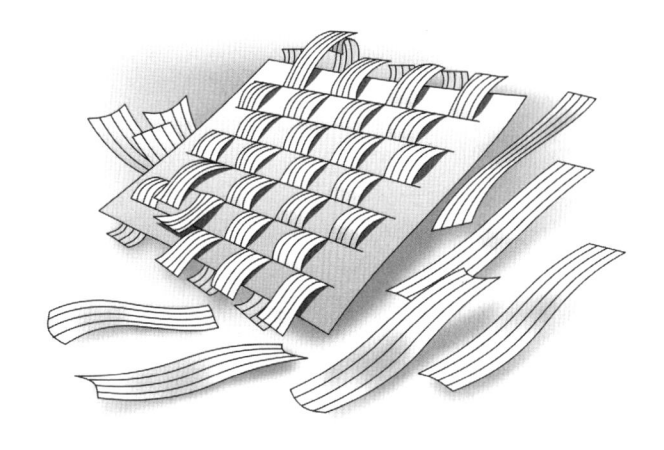

Para Reflexão

A inteligência é construtiva e criativa, mas precisa ser adequadamente desafiada para que se desenvolva. Uma solicitação difícil demais pode assustar, mas se for muito fácil também poderá não despertar interesse. A falta de boas oportunidades para realizar atividades construtivas, nas quais a criança possa viver experiências diversificadas, pode ser responsável pelo empobrecimento da capacidade de aprender.

Contas para Enfiar

Estimula

Motricidade.
Coordenação bimanual.
Recorte e enfiagem.
Atenção e concentração.
Orientação espacial.

Descrição

Tiras de papel de capa de revista de 1,5 cm de largura, terminando em ponta, que são enroladas, uma a uma, em torno de um lápis (ou, se preferir, em torno de uma agulha de tricô), começando pela parte mais larga da tira. A ponta do papel é colada. A peça é plastificada pela cola.

Possibilidades de Exploração

♦ Usar como contas para enfiar.
♦ Fazer colares e pulseiras.

Atividades Complementares

⋄ Cortar canudinhos de plástico em pedacinhos para usar como contas de enfiar. Fazer "ditado", dizendo a ordem que deve ser seguida. (Exemplo: três amarelas, uma azul, duas verdes etc.)

Atividades Gráficas

Desenhar colares de contas coloridas. Determinar uma sequência para os colares desenhados. (Exemplo: três bolinhas vermelhas, um quadradinho amarelo etc.)

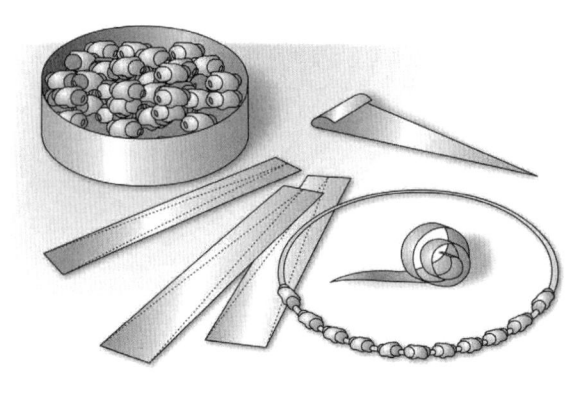

Para Reflexão

As ações educativas precisam tomar cuidado para não transformar os processos de aprendizagem em tarefas enfadonhas. A curiosidade é natural às crianças e a construção do conhecimento poderá ser "uma deliciosa aventura" se o educador for criativo. A pressa em transformar a criança em adulto faz com que a aprendizagem seja sistemática, obrigatória e desprovida de interesse. A criança que desde cedo é obrigada a cumprir muitas tarefas pode perder a espontaneidade, a curiosidade e o prazer de aprender.

Tênis

Estimula

Motricidade.
Coordenação bimanual.
Aprendizagem de amarrar, dar nó e laço.
Concentração.
Coordenação visomotora.

Descrição

Plástico de uma garrafa recortado em forma de tênis, com orifícios para passar o cordão. Os orifícios são feitos com um espeto aquecido ao fogo. O desenho é feito com caneta para transparências de retroprojetor.

Possibilidades de Exploração

- Enfiar o cordão, cruzando o fio para amarrá-lo.
- Dar nó.
- Dar diferentes tipos de laço.

Atividades Complementares

- Cortar pedaços de barbante do tamanho de uma régua e fazer nós frouxos em fios ou barbante, deixando intervalos entre eles para, posteriormente, desfazê-los.
- Com tiras de papel crepom, fazer laços para o cabelo das meninas e gravatas para os meninos.

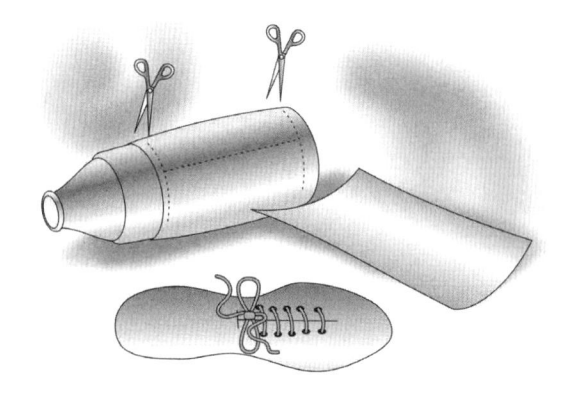

Atividades Gráficas

Desenhar duas colunas verticais numa folha pautada e, depois, riscar dentro delas em zigue-zague.

Para Reflexão

Para que as crianças desenvolvam autonomia e senso de responsabilidade, precisam ter oportunidade de agir sozinhas. Se forem respeitados seus interesses, certamente manterão viva a vontade de conhecer e a apropriação do conhecimento será motivo de orgulho. Através de jogos e brincadeiras poderá aprender novos conceitos, adquirir informações e superar alegremente suas dificuldades de aprendizagem.

Massa para Modelar

Estimula

Motricidade.
Controle da força muscular.
Ação exploratória.
Criatividade.
Aquisição do conceito da constância de massa.

Descrição

A massa de modelar é feita com 4 xícaras de farinha de trigo, 1 xícara de sal, 1½ xícara de água e 1 colher de óleo. Misturar esses ingredientes e amassá-los. Para colorir, pode ser adicionado suco em pó ou corante comestível. Essa massa não precisa ir ao fogo e poderá ser feita pela própria criança. Tem a vantagem de não secar ao sol, sendo que pequenas peças podem ser assadas em forno brando.

Possibilidades de Exploração

- Manusear a massa e ir descobrindo as diferentes formas de manipulá-la.
- Usar palitos, forminhas e tampas para furar, riscar, desenhar ou recortar a massa.
- Entregar à criança duas partes iguais de massa; pedir-lhe que com uma parte faça uma bola e com a outra, uma cobrinha. Perguntar qual das duas tem mais massa. Depois, pedir que torne a fazer as duas partes iguais de massa.
- Fazer peças representando bonecos, animais ou objetos conhecidos e atribuir-lhes nomes.
- "Queimar" em forno de fogão comum as peças, que serão guardadas.

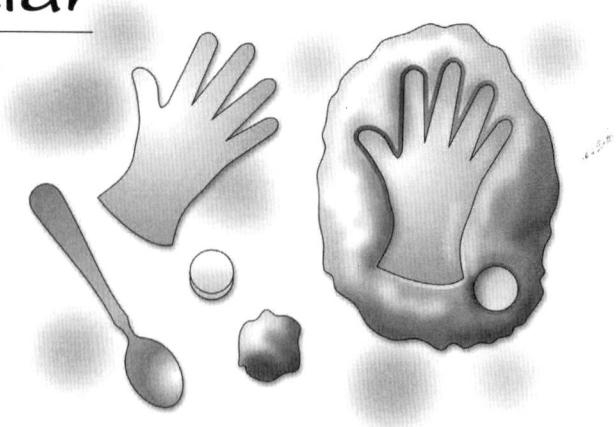

Atividades Complementares

⋄ Criar peças de decoração.

Atividades Gráficas

Desenhar linhas onduladas com lápis de diversas cores, até preencher toda a folha.

Para Reflexão

O corpo e as experiências sensoriais são fontes de desenvolvimento da inteligência e de autoconhecimento, especialmente se houver consciência do movimento.

Dominó de Retalhos

Estimula

Motricidade.
Coordenação bimanual.
Discriminação visual de cores.
Habilidade manual.
Percepção tátil e visual.

Descrição

Pares de quadrados feitos com retalhos de tecidos lisos e estampados, com um botão num dos lados e uma casa no outro.

Possibilidades de Exploração

- Abotoar as peças que têm as mesmas cores ou os mesmos motivos estampados.
- Esconder as peças soltas numa caixa de papelão. Cada participante, sem olhar, tira duas peças. Se formarem par, serão abotoadas; caso contrário, voltam para a caixa.
- Jogar como dominó: distribuir as peças entre os participantes; quem tiver a peça igual deve abotoá-la à outra.
- Ganha quem terminar primeiro suas peças.

Atividades Complementares

- Recortar quadrinhos de "revistas em quadrinhos" e compor uma nova história, colocando-os em uma folha. Contar a história verbalmente ou escrevê-la.

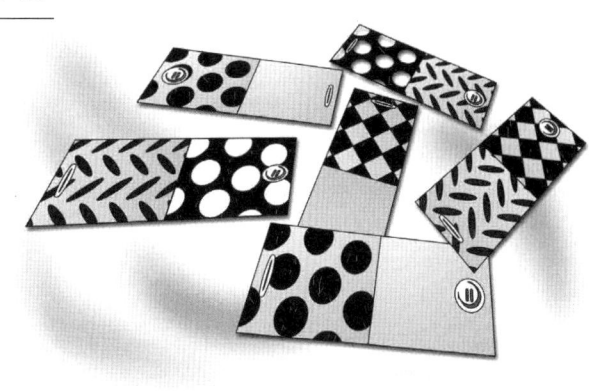

Atividades Gráficas

Desenhar quadrados representando retalhos de tecidos de diversas estampas.

Para Reflexão

As diferentes habilidades psicomotoras podem ser integradas através de jogos e brincadeiras; isto estimulará o processo maturacional e o desenvolvimento global da criança. Para que as aprendizagens sejam duradouras, deve haver oportunidade para experiências ativas e diretas, que envolvam os sentidos e a motricidade, facilitando uma compreensão mais profunda que subsidiará outras formas de aprender menos diretas, quando ela já tiver alcançado maior maturidade.

Argolas

Estimula

Coordenação visomotora.
Equilíbrio e destreza.
Arremesso.
Atenção.
Contagem.
Cálculo mental.

Descrição

Cones de lã com números de 0 a 9 colados. Tampas de potes grandes de margarina recortadas para retirar a parte de dentro, conservando só o seu aro externo. Tampinhas de refrigerante (aproximadamente 30 por criança).

Possibilidades de Exploração

- Deixar que a criança explore livremente o material e descreva, verbalmente, as maneiras de brincar que ela for descobrindo.
- Distribuir os cones aleatoriamente sobre a mesa ou sobre o chão.
- Arremessar duas argolas de cada vez, tentando enfiá-las no cone escolhido. Caso consiga, deverá efetuar a soma dos algarismos que constam nos cones e depois retirar o número de tampinhas correspondentes.
- Vence quem ficar com o maior número de tampinhas.

Atividades Complementares

- Introduzir um círculo em cada mão; fechar as mãos e girar os punhos para rodar os círculos; o punho direito gira o círculo para a direita e depois para a esquerda, alternadamente. Girar os dois círculos, concomitantemente, para a direita, depois para a esquerda e, depois, um para cada lado. Arremessar o círculo para cima com uma mão e pegá-lo com a outra.

Atividades Gráficas

Escrever os números sorteados, fazer as somas dos números de cada jogador para comparar e verificar quem é o vencedor.

Para Reflexão

A criança deve ter liberdade para usar a mão com a qual sente mais facilidade para escrever. O respeito à predominância lateral é importante para um bom desempenho de coordenação motora visto que um lado deve ser dominante e o outro, auxiliar. Só ela irá demonstrar se é destra ou canhota. Numa atividade como esta podemos observar qual é o braço preferido. Mas, pode acontecer uma "lateralidade cruzada", ou seja, a criança pode ter dominância lateral direita para o uso das mãos e esquerda para o uso dos pés ou olho.

Números e Letras Recortados

Estimula

Coordenação visomotora.
Percepção tátil.
Percepção visual.

Descrição

Garrafa de plástico cortada de modo a conseguir uma lâmina de plástico. As letras e os números foram desenhados posteriormente e recortados.

Possibilidades de Exploração

- Fazer o contorno das letras e numerais.
- Agrupar letras e numerais.
- Nomear as letras e os numerais.
- Reconhecer letras e numerais apenas pelo tato.

Atividades Complementares

- Escolher garrafas de plástico flexível e recortá-las, fazendo um pequeno estoque de placas de plástico.
- Fazer desenhos no plástico e, em seguida, recortar as formas desenhadas.

Atividades Gráficas

Desenhar figuras que possam servir de modelo para ser recortado.

Para Reflexão

Para ser eficiente em habilidades como escrever, desenhar, dobrar e recortar, é necessário haver desenvolvido certo nível de coordenação visomotora. Se a criança apresenta dificuldade para colorir desenhos sem sair da linha, por exemplo, é necessário averiguar pois tanto pode tratar-se de uma simples imaturidade como de uma dificuldade de coordenação oculomanual ou de capacidade de discriminar visualmente. Quanto mais cedo for diagnosticado o problema, mais cedo poderão ser propostas atividades que ajudem a criança a superá-lo.

Bola ao Funil

Estimula

Motricidade.
Coordenação de movimentos amplos.
Equilíbrio.
Agilidade.
Socialização.

Descrição

Garrafões de plástico cortados a 25 cm da boca. Nas bordas da parte recortada foi colocada uma tira de tecido de 2 cm de largura. Podem-se lixar as bordas, quando o material for o garrafão. As bolas foram feitas com meias velhas enchidas com retalhos picados.

Possibilidades de Exploração

- Cada um dos dois participantes arremessa a bola para o companheiro usando uma das mãos ou o próprio funil. Este companheiro, por sua vez, deve apanhar a bola com seu funil. O número de participantes pode variar de acordo com o número de funis existentes. No caso de vários participantes, um deles permanece no centro, enquanto os outros se dispõem em círculo.

Atividades Complementares

- Fazer uma bola de papel amassado, jogá-la para o alto, bater palmas e recolhê-la.
- Aumentar o número de palmas entre um lançamento e outro.
- Inventar diferentes formas de recolher a bola.

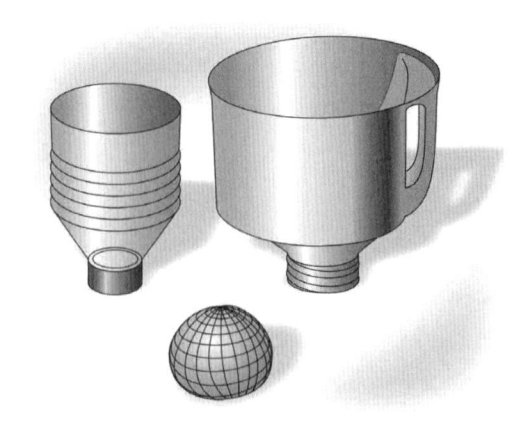

Atividades Gráficas

Desenhar um jogo de futebol.

Para Reflexão

O prazer usufruído na atividade é que a torna lúdica, e a satisfação de estar contente consigo mesmo, porque o que foi ou está sendo feito é bom, provoca paz de espírito. Na atividade realizada com interesse e liberdade, o prazer situa-se na própria ação, não havendo necessidade de prêmios ou punição para que ela se desenvolva. A forma de ser feliz, tão procurada pelos filósofos de todos os tempos, é uma capacidade que pode ser cultivada através da prática do brincar livre e profundo. O processo de transformação da criança em adulto deve acontecer de forma a preservar uma criança interior feliz, capaz de encantar-se, de liberar sua afetividade e de usufruir o lado bom da vida compartilhando felicidade.
A preparação do ser humano autorrealizado, capaz de ser feliz e construir a paz, certamente passa pelo brincar e pelo desenvolvimento da sensibilidade e da alegria que irão possibilitar a sobrevivência à luta por "um lugar ao sol".

Varal

Estimula

Motricidade fina.
Habilidade de usar colchetes.
Coordenação visomotora.
Orientação espacial.
Desenvolvimento de vocabulário.

Descrição

Quadro de papelão duro, coberto com feltro, no qual estão bordados desenhos com colchetes de pressão e de gancho pregado. Peças de vestuário avulsas, recortadas em feltro, contendo no verso os pares dos colchetes.

Possibilidades de Exploração

- Apresentar as peças e deixar que as crianças descubram o lugar onde acolchetá-las.
- Descrever e nomear as peças de vestuário acolchetadas.
- Criar frases ou pequenas histórias que induzam à atividade.

Atividades Complementares

⋄ Fazer o planejamento de uma atividade junto com as crianças imaginando tudo o que precisa ser feito antes para que a atividade possa acontecer de forma satisfatória. (Exemplo: "O que precisamos fazer antes de ir à praia?", "O que precisamos fazer antes de pintar um quadro?", "Que sequência precisamos seguir para fazer pipocas?", "Que tipo de problemas poderemos ter durante o dia? O que faremos para enfrentá-los?", "Como faremos para fazer um bolo?" etc...)
⋄ Fazer um levantamento, com as crianças, de situações que deram errado por falta de planejamento.

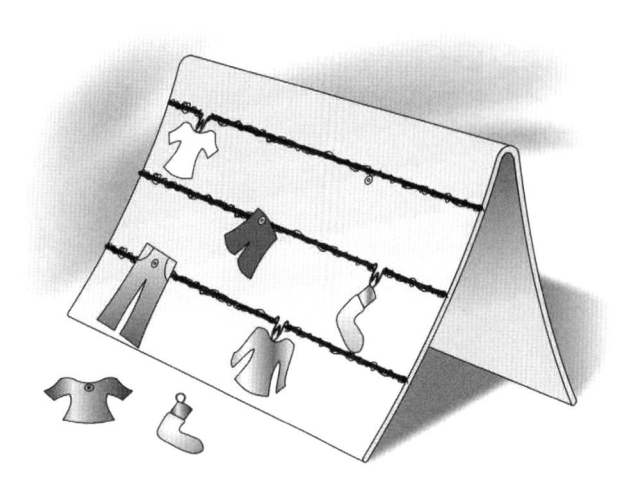

Atividades Gráficas

Desenhar um varal que contenha as roupas que a criança está vestindo.

Para Reflexão

As crianças gostam de imitar e de participar da vida dos adultos. Por esta razão podemos incentivá-las a colaborar nas tarefas cotidianas sem entretanto forçá-las para que não percam o interesse. Se os adultos demonstrarem prazer em realizar as tarefas de rotina, as crianças também sentirão prazer em realizá-las.

Passa-Bolinha

Estimula

Motricidade.
Concentração da atenção.
Coordenação visomotora.

Descrição

Três garrafas de plástico transparente; em duas foi retirado o fundo para poderem ser encaixadas umas nas outras. Dentro delas foram colocadas três bolinhas de vidro e, no topo das garrafas encaixadas, foi colocado o fundo de uma delas. As garrafas foram fixadas com tiras de durex colorido.

Possibilidades de Exploração

♦ Sacudir as garrafas de modo que as bolinhas passem pelo gargalo e vão para o fundo da última garrafa. Contar quanto tempo leva para conseguir passar as três bolinhas.

Atividades Complementares

✧ Verificar quantas bolinhas de vidro a criança consegue levar embaixo da mão aberta, de um canto ao outro de uma mesa, sem levantar a mão.

Atividades Gráficas

Quadricular uma folha em branco, usando a largura de uma régua como medida.

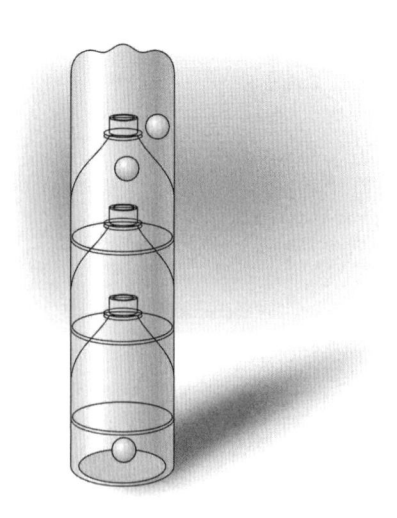

Para Reflexão

A vantagem das aprendizagens alcançadas através do brincar é o fato de que os enganos cometidos não são considerados erros, mas tentativas de acerto. Quando a criança não tem medo de errar, arrisca mais e é mantido o clima de alegria e descontração. A preservação do prazer na atividade, contribui para que se instale o hábito de estar ocupada sem ser por obrigação; pelo contrário, tem-se o intuito de a criança realizar uma atividade agradável, através da qual ela está aprendendo. Afinal, aprender pode ser uma conquista divertida, que lhe traga a satisfação de sentir-se mais capaz. É muito importante não deixar que as atividades de aprendizagem deixem de ser prazerosas para tornar-se tarefas enfadonhas.
Todo cuidado é pouco, pois aqui se encontra um ponto crucial da intervenção pedagógica.

Completando a Casa

Estimula

Motricidade.
Discriminação visual.
Comparação de formas e de tamanhos.
Habilidade manual.

Descrição

Pedaço de cartão coberto com feltro, no qual foi costurado o desenho de uma casa, com botões nos lugares onde devem ser abotoadas as partes que estão faltando. Essas partes são de feltro também e contêm pequenos cortes, que são as casas que deverão ser abotoadas nos lugares correspondentes.

Possibilidades de Exploração

◆ Desabotoar as partes avulsas da casa.
◆ Verificar as formas que estão desenhadas na casa e procurar as peças correspondentes para abotoar.

Atividades Complementares

✧ Fazer a invenção coletiva de uma história, na qual uma pessoa começa dizendo uma frase e a seguinte deve dar sequência à história, inventando uma outra frase que comece com a última palavra dita. (Exemplo: "Era uma vez uma casa...". A seguinte deverá continuar a história dizendo: "a casa..." e assim por diante.)

Atividades Gráficas

Desenhar e colorir uma casa com uma porta, duas janelas, muro e portão.

Para Reflexão

Muitas vezes, as crianças fazem perguntas só para manter um contato conosco; quando isso acontece, devemos dar-lhes atenção e estimulá-las, para que elas mesmas encontrem a resposta solicitada. Responder dizendo: "O que você acha?" pode ser uma forma de atendê-las e, ao mesmo tempo, levá-las a raciocinar junto, analisar possibilidades e buscar a resposta. Mas sempre tomando cuidado para que a espontaneidade e a vontade de comunicar-se sejam estimuladas; a expressão de pensamentos e sentimentos é fundamental para que as crianças aprendam a relacionar-se de uma forma mais verdadeira com as outras pessoas, mas, para que isso aconteça, precisam ter certeza de que não serão ridicularizadas ou punidas. Um bom nível de comunicação favorece a compreensão mútua e propicia melhor qualidade de convivência.

Prendedores Coloridos

Estimula

Coordenação visomotora.
Movimento de pinça.
Discriminação visual de cores.
Atenção e concentração.
Controle de força muscular.

Descrição

Uma caixa forrada com tiras de papel colorido liso nas mesmas cores dos pregadores. As tiras podem ser substituídas por durex colorido.

Possibilidades de Exploração

- Pinçar os pregadores nas bordas da caixa, fazendo corresponder as cores.
- Ditar para a criança combinações diferentes, como colocar os vermelhos na lista amarela, os verdes na lista azul etc.

Atividades Complementares

- Recortar bandeirinhas de papel, prendê-las num barbante com os prendedores.

Atividades Gráficas

Pintura livre com "tintas de dedo", fazendo movimentos circulares simultaneamente com ambas as mãos.
Esfregar com as pontas dos dedos pontas de lápis de cor esmigalhadas, resto de giz colorido ou lápis-cera ralado.

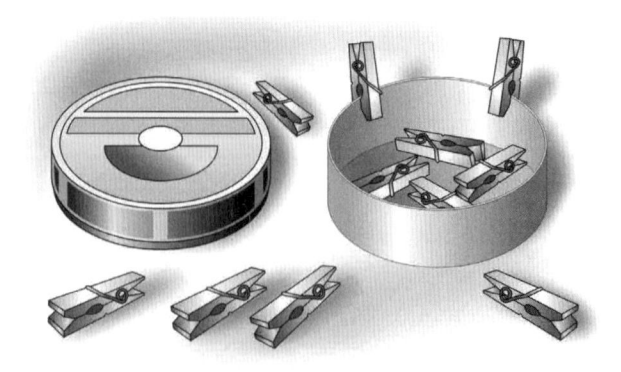

Para Reflexão

Uma das funções básicas do ser humano é aquilo que Piaget chamava de "pensamento das mãos", ou seja, a habilidade manual. Esta função tem um papel importante no desenvolvimento intelectual da criança. Para fazer certas discriminações precisamos de informações táteis e motoras complementando a integração da percepção visual e auditiva. As mãos não somente atuam como fonte de informação mas também para exprimir efeitos: elas desenham o que os olhos veem e executam comandos do pensamento. O desenvolvimento da habilidade manual é um fator igualmente importante para a aquisição de um bom autoconceito.

Contornando Figuras

Estimula

Concentração da atenção.
Desenvolvimento de pensamento.
Discriminação visual.

Descrição

Revistas com muitas figuras.

Possibilidades de Exploração

- Abrir a revista aleatoriamente e descrever o que vê.
- Folhear a revista para escolher figuras e inventar histórias sobre elas.
- Encontrar figuras com características solicitadas. (Exemplo: figura de homem com óculos, figura de mulher com criança etc.)
- Descobrir figuras que são semelhantes a... e diferentes de..., explicando os porquês.
- Recortar as figuras prediletas, colar no caderno ou compor cartazes.

Atividades Complementares

- Arrancar uma página que tenha uma boa figura, colocar a página em cima de um pedaço de isopor e, com ajuda de um perfurador ou de uma agulha presa a uma rolha, perfurar o contorno da figura; depois pegar a folha e olhá-la contra a luz.
- Encapar cadernos com folhas ilustradas.

Atividades Gráficas

Contornar figuras de revistas usando uma caneta hidrográfica.

Para Reflexão

Os desenhos das crianças refletem o quanto elas assimilaram das experiências sensoriais e cognitivas vividas, pois baseiam-se no conhecimento que elas têm do mundo. Essa é uma das razões pelas quais deve ser evitado o abuso da utilização de modelos estereotipados que elas poderão passar a imitar em vez de fazer seus próprios desenhos. Repetindo determinadas formas de representação, estarão deixando de criar as suas e de manifestar a sua visão das coisas. Algumas crianças não gostam de desenhar porque não se sentem capazes de reproduzir as figuras de uma maneira correta; não aceitam a sua forma de expressão por considerá-la imperfeita e por temer as críticas que poderão receber. Cada um desenha como pode; sendo uma forma de expressão, os desenhos das crianças não podem ser criticados, e seria um absurdo atribuir-lhes uma nota. A análise do desenho da figura humana permite avaliar o esquema corporal que a criança possui. O desenho infantil tem uma carga emocional muito grande que precisa ser respeitada.

Modelos para Caligrafia

Estimula

Motricidade fina.
Coordenação visomotora.
Escrita.
Reprodução de modelos gráficos.

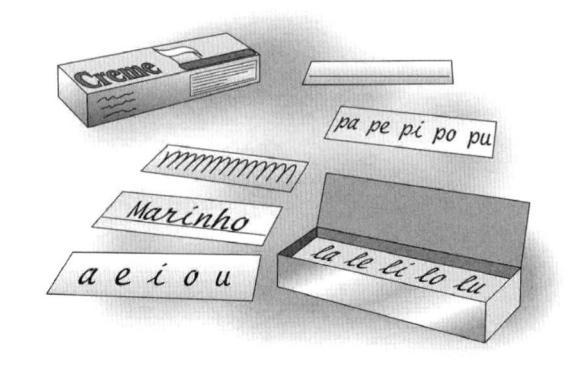

Descrição

Uma caixa de pasta dentifrícia com as tampas laterais coladas, e uma parte lateral recortada, fazendo uma abertura. A caixa foi recoberta, tanto por dentro quanto por fora, com papel espelho ou fantasia. No mesmo tamanho da caixa foram recortadas várias tiras de cartolina, nas quais foram feitos modelos de caligrafia para serem reproduzidos.

Possibilidades de Exploração

♦ Copiar modelos, colocando as cartelas na parte superior da folha do caderno (a vantagem é que a criança copia o modelo sempre diretamente, pois a cartela pode ir descendo à medida que a criança preenche as linhas da folha).

Atividades Complementares

◊ Inventar modelos, desenhá-los na lousa para que os colegas copiem em seus cadernos.

Atividades Gráficas

Preencher páginas do caderno pautado reproduzindo os modelos e mudando a cor do lápis a cada duas linhas.

Para Reflexão

A representação gráfica é um processo psicológico complexo, para o qual contribuem, também, aspectos culturais e neurológicos. O campo gráfico da leitura e da escrita é uma construção cultural que a criança deve assimilar e que, para nós do Ocidente, tem uma orientação esquerda-direita, de cima para baixo. Essa orientação pode ser trabalhada antes mesmo do início do processo de alfabetização, através da adoção do sentido direita-esquerda na realização de atividades com brinquedos pedagógicos.

Construção com Garrafas

Estimula

Motricidade global.
Pensamento.
Criatividade.
Rosqueamento.
Encaixe.

Descrição

Garrafas plásticas, de refrigerante, cujos fundos foram retirados para poderem ser encaixados uns nos outros. Cubos de madeira de aproximadamente 5x5 cm, nos quais foi pregada uma tampa, das mesmas garrafas, em cada lado.

Possibilidades de Exploração

- Encaixar as garrafas, duas a duas, pelos fundos e depois rosqueá-las nas tampas pregadas nos cubos de madeira, de maneira a fazer uma construção. Para facilitar, pode-se começar por construir uma base quadrada.

Atividades Complementares

- Contar quantas garrafas foram utilizadas na construção e as peças de ligação (os cubinhos).
- Imaginar quantas peças seriam utilizadas para fazer uma estrutura que tivesse o dobro do tamanho desta e quanto tempo o mesmo grupo levaria para construí-la.

Atividades Gráficas

Desenhar a estrutura criada com garrafas. Criar um outro modelo de estrutura para ser construído em uma próxima vez.

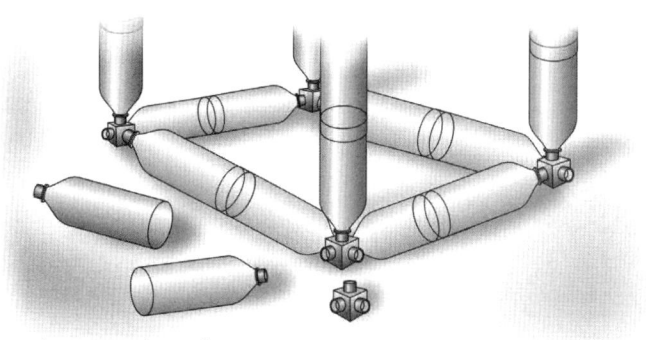

Para Reflexão

Atividades de construção coletiva são excelentes oportunidades para trabalhar com as crianças a importância de se planejar as ações. Se houver um planejamento prévio, certamente a construção decorrerá de forma mais eficiente. Esse tipo de atividade também favorece a discussão sobre as vantagens do trabalho em grupo, o que é um grupo operativo e qual a diferença entre um simples agrupamento de pessoas, que podem não estar se relacionando, e um grupo formado por pessoas que estão conscientes de pertencerem a ele e conhecem o seu papel como elementos de um grupo. O significado do conceito de "liderança" deve ser também discutido, e devem ser analisados os papéis de cada um. O líder, ou seja, aquele que vai centralizar as atividades, é o coordenador naquele momento, mas deverá ser substituído da próxima vez, a fim de que todos tenham a oportunidade de viver a experiência de exercer a liderança. É importante que fique claro que o líder não é "dono" do grupo, mas alguém que está a serviço dele, para que as atividades decorram de forma mais organizada e eficiente.

Encaixantes

Estimula

Coordenação visomotora.
Orientação espacial.
Correspondência biunívoca.
Conceito de "dentro e fora".

Descrição

Caixa com embalagens de filmes fotográficos e embalagens plásticas usadas de produtos para o cabelo.

Possibilidades de Exploração

◆ Virar a caixa para baixo, deixando cair todo o seu conteúdo, e depois reencaixar todas as peças.
◆ Enfileirar as embalagens de filmes e colocar uma garrafinha dentro de cada embalagem.
◆ Enfileirar as garrafinhas e, em seguida, colocar uma embalagem de filme cobrindo cada uma delas.
◆ Virar as embalagens de filme para baixo e colocar uma garrafinha em cima de cada uma delas.
◆ Ordenar as garrafinhas e as embalagens de diferentes maneiras fazendo sequências para serem repetidas. (Exemplo: uma caixinha, uma garrafinha, duas caixinhas, duas garrafinhas etc.)

Atividades Complementares

⋄ Dividir as crianças em três grupos. Preparar dez pedacinhos de papel com as seguintes palavras: frutas, animais, brinquedos, cores, móveis, meios de transporte, materiais da escola, alimentos, doces, peças do vestuário.

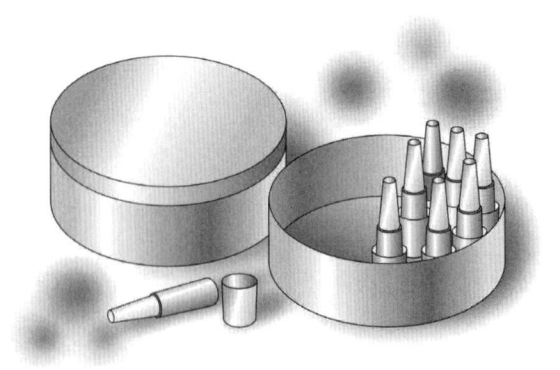

⋄ Cada grupo de crianças, à sua vez, deverá sortear um papelzinho e dizer cinco nomes pertencentes à categoria cujo nome está escrito no papel.

Atividades Gráficas

Fazer desenhos em código: quando a professora mostra uma garrafinha, as crianças desenham um "pauzinho"; quando a professora mostra uma latinha, as crianças desenham uma bolinha, e assim por diante, variando a quantidade e a ordem das peças.

Para Reflexão

Os brinquedos, assim como as atividades escolares, oferecem muitas oportunidades para que as crianças vivenciem experiências de organização. Guardar "bem direitinho" pode ser também uma parte agradável da brincadeira. Arrumar pode ser uma atividade prazerosa que poderá transformar-se em hábito saudável. Para isso, é preciso fazer da arrumação uma atividade alegre e tranquila, baseada no prazer de ter as coisas bem cuidadas e na certeza de que a sua organização é uma maneira de facilitar nosso acesso a elas. AS COISAS, ASSIM COMO AS PESSOAS, MERECEM NOSSA ATENÇÃO E NOSSO CARINHO.

Macaquinhos

Estimula

Habilidade manual.

Descrição

Macaquinhos recortados em lâminas de plástico flexível, extraído de frascos de produtos de limpeza.

Possibilidades de Exploração

- Enganchar os macaquinhos uns nos outros e pendurá-los.
- Colocar mensagem ou avisos no corpo dos macaquinhos.
- Colocar letras nos macaquinhos e formar palavras.

Atividades Complementares

- Dividir a classe em dois grupos. Pedir a um representante de cada grupo que vá à frente da classe para manterem um diálogo. Um deverá formular uma pergunta e outro a resposta, sendo que ambos deverão formular as sentenças de forma completa, ou seja, contendo todos os componentes de uma sentença. (Exemplo:
Pergunta: Você viu o jogo do Corinthians?
Resposta: Sim, eu vi o jogo do Corinthians!
Pergunta: Você vai almoçar em casa?
Resposta: Sim, eu vou almoçar em casa!)
- Inverter os papéis; quem perguntou passa a responder e vice-versa.
- Ganhará um ponto para o seu grupo aquele que conseguir responder e perguntar corretamente.

Atividades Gráficas

Desenhar uma família de macaquinhos.

Para Reflexão

Brincando, a criança exercita suas potencialidades e se desenvolve. O desafio, contido nas situações lúdicas, provoca o pensamento e leva a criança a alcançar níveis de desempenho que só as ações, por motivação intrínseca, conseguem. Ela age, esforça-se, concentra-se sem sentir cansaço. Não fica estressada porque está livre de cobranças; avança, ousa, descobre, realiza com alegria, sentindo-se mais capaz e, portanto, mais confiante em si mesma e predisposta a aprender. As atividades lúdicas e criativas propiciam a formação de um autoconceito positivo, razão pela qual são tão saudáveis. Brincando, a criança está nutrindo sua vida interior e enriquecendo as referências que irão subsidiar a construção de seu conhecimento e ajudá-la a escolher um sentido para sua vida.

Bolsinha

Estimula

Habilidade manual.
Representação.
Sociabilidade.

Descrição

Garrafa plástica recortada de forma a fazer uma bolsinha com um cordão servindo de alça. Na parte superior foi feito um furo para passar um elástico que abotoa no botão pregado na parte de baixo.

Possibilidades de Exploração

♦ Usar como bolsa ou dar de presente a uma menina.
♦ Citar o nome de objetos que caberiam dentro da bolsinha e depois concretizar a experiência para verificar se a previsão estava correta.

Atividades Complementares

✧ Fazer bolsinhas para dar de presente.
✧ Enumerar as peças do vestiário que usamos nas diferentes situações. (Exemplo: no verão, no inverno, quando chove, quando vamos nadar, quando vamos à escola e quando vamos dormir.)
✧ Pesquisar quantas formas diferentes existem para podermos fechar nossas roupas, nossos sapatos, nossas malas e sacolas.

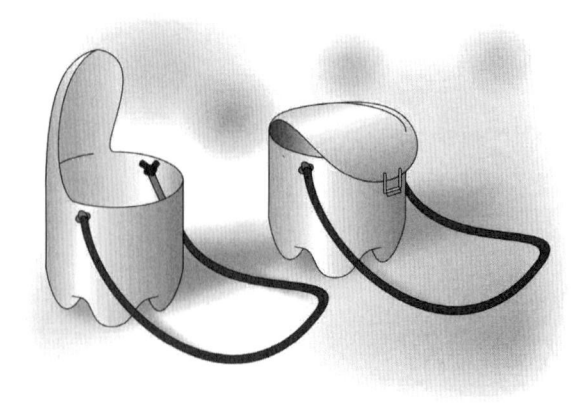

Atividades Gráficas

Desenhar a roupa que estão usando e uma roupa que gostariam de ter.

Para Reflexão

O desenvolvimento integral de uma criança compreende aspectos referentes a fatores emocionais, sociais e intelectuais dos quais dependerá a qualidade de vida que terá. Numa sociedade como a nossa, na qual a riqueza é tão mal distribuída, a preocupação com a sobrevivência sobrepuja outras preocupações de ordem menos material, que parecem ser mais urgentes, embora nem sempre o sejam. A saúde integral, aquela que abrange a saúde emocional e intelectual, precisa ser bem cultivada desde a primeira infância para que o jovem e o adulto no qual a criança irá se transformar cheguem a ser cidadãos felizes e equilibrados.

Plaquetas para Enfiar

Estimula

Coordenação visomotora.
Discriminação visual.
Pensamento.

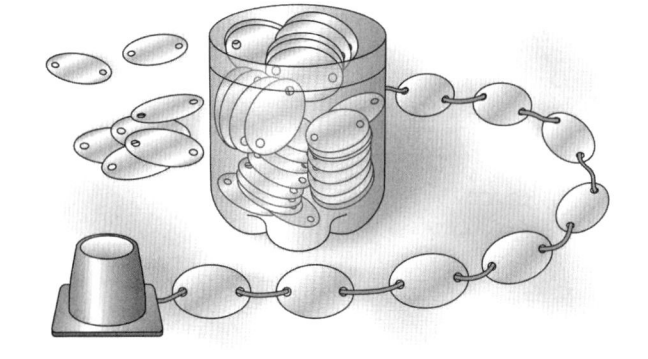

Descrição

Plaquinhas recortadas de embalagem de danoninho. Cada plaquinha tem dois furos feitos com furador de papel. As peças são guardadas numa embalagem feita com dois fundos de garrafa plástica de refrigerante. Um cordão acompanha as peças.

Possibilidades de Exploração

- Enfiar as peças fazendo um alinhavo com o cordão.
- Selecionar as peças de acordo com uma sequência determinada.
- Fazer ditado. (Exemplo: triângulo vermelho, quadrado amarelo etc.; depois juntar os cordões que as crianças enfiaram e comparar para verificar se acertaram.)
- Organizar com as peças sequência de cores para ser memorizada pelas crianças; escondê-la e pedir que as crianças digam qual é a ordem das cores. Ir aumentando sempre mais uma peça e pedir que repitam a sequência de memória.

Atividades Complementares

⋄ Incentivar as crianças a fazerem opções pensando. (Exemplo: "Aonde poderemos ir domingo? Quais são as opções e por que as escolhemos?", "Qual a fantasia que gostariam de vestir para brincar? Por quê?", "Qual a profissão que mais admiram? Qual a que você vai escolher?", "Qual o comportamento que podemos ter com uma pessoa que nos agride?", "Como podemos ajudar duas pessoas que estão brigando?")

Atividades Gráficas

Desenhar e colorir a sequência de peças enfiadas no cordão.

Para Reflexão

A capacidade de brincar está ligada à capacidade de criar. A criatividade é natural e necessária a uma boa qualidade de vida e deve ser facilitada às crianças para que possam desenvolvê-la. A liberdade que acontece no verdadeiro brincar é uma forma de expressão criativa. As situações-problema contidas nos jogos e brincadeiras desafiam e estimulam o pensamento criativo.

Vai Caindo

Estimula

Observação.
Concentração da atenção.

Descrição

Frasco de plástico transparente, cheio de água com sal, no qual foram colocados pedacinhos de plástico, recortados de embalagens de danone ou chambinho, bolinhas de plástico, lantejoulas e outros pequenos objetos.

Possibilidades de Exploração

- Virar o frasco para baixo e observar as pecinhas caindo.
- Verificar quais as peças que caem mais rapidamente e quais as que flutuam.
- Colocar pecinhas de plástico ou papel, em forma de peixinhos.
- Rodar o frasco no chão e observar o que acontece com o seu conteúdo.

Atividades Complementares

- Encher com água uma garrafa plástica de refrigerante e colocar alguns objetos dentro. Observar como eles caem, quando a garrafa é virada.
- Colocar um pouco de sal na água e verificar se houve diferença na flutuação dos objetos.
- Pesquisar quais os materiais que afundam na água e quais os que flutuam.

Atividades Gráficas

Desenhar uma garrafa com água pela metade, deitar a garrafa e desenhar uma linha no nível da água.
Em seguida, inclinar a garrafa para que as crianças observem e desenhem como ficou o nível da água nessa posição.

Para Reflexão

A manipulação de materiais bem diferenciados possibilita aquisição de informações que irão subsidiar a posterior formação de conceitos. Mesmo que não consiga ainda assimilar princípios científicos ou explicar como as coisas acontecem, o pensamento vai sendo estimulado e os processos mentais vão se desenvolvendo e enriquecendo a linguagem interior. As experiências vividas com atenção aumentam as possibilidades de verbalização.

Borboletas

Estimula

Habilidade manual.
Criatividade.
Conhecimentos gerais.

Descrição

Borboletas recortadas de garrafas plásticas de refrigerante.

Após cortar fora a base e o topo da garrafa, foi feito um corte vertical no corpo dela. No plástico foi desenhada e recortada a forma de uma borboleta. Nas asas foram feitos desenhos com tinta Plasticor.

A borboleta é dobrada ao meio e, com um grampeador, foram presas as asas na dobra. Dois furos feitos bem no meio do corpo da borboleta servem para prender o fio de náilon que prende as borboletas ao eixo do móbile. Este pode ser feito com dois cabides de arame ou com duas varetas.

Possibilidades de Exploração

- Confeccionar as borboletas como atividade proposta para uma aula de artes.
- Usar as borboletas para decoração e como motivação para uma pesquisa sobre borboletas.

Atividades Complementares

⋄ Fazer um levantamento sobre as borboletas: onde vivem, como nascem, do que se alimentam, quantos tipos diferentes existem.

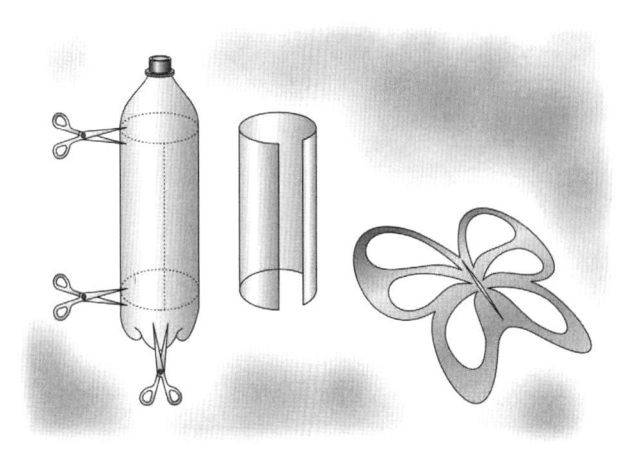

⋄ Fazer uma pesquisa sobre INSETOS. Começar por enumerar todos aqueles que as crianças conhecem e depois pesquisar nos livros de Ciências Naturais para descobrir outros tipos e suas características.

Atividades Gráficas

Desenhar insetos de várias espécies.

Para Reflexão

Observar e colecionar insetos pode ser uma atividade bem interessante para aproveitar a curiosidade natural das crianças e aumentar seus conhecimentos sobre a natureza. O apoio dos adultos irá valorizar e enriquecer a atividade, fornecendo pistas e levando as crianças a pesquisarem mais profundamente.

Copinhos

Estimula

Percepção visual.
Discriminação de tamanhos.
Pensamento.
Coordenação motora.

Descrição

Garrafas plásticas de diferentes diâmetros. As garrafas devem ser cortadas na altura de aproximadamente 10 cm e arrematadas com durex colorido nas bordas.

Possibilidades de Exploração

- Empilhar, formando uma torre.
- Encaixar, colocando uma dentro da outra.
- Ordenar por largura, em ordem crescente e decrescente.

Atividades Complementares

- Escolher uma grande quantidade de tampas, de tamanho grande, médio e pequeno.
- Verificar quantas tampas podem ser encaixadas uma dentro da outra.
- Jogo Come-Come: Espalhar tampas de plástico de todos os tamanhos. Cada jogador pega uma tampa grande e, ao sinal de partida, deverá "comer" outras tampas, movendo a tampa grande apenas empurrando-a e encostando na tampa menor, cobri-la levantando apenas um lado da tampa grande.
- Vencerá quem tiver "comido" maior número de tampas.

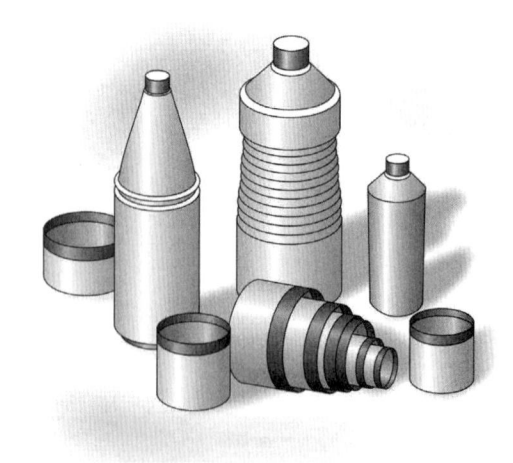

Atividades Gráficas

Desenhar vários círculos uns dentro dos outros, e verificar quantos conseguem fazer.
Desenhar quadrados dentro de quadrados e contar quantos conseguem fazer.

Para Reflexão

A percepção visual é importante para o desempenho de muitas tarefas, mas é apenas uma parte do total processamento de informações. A integração das percepções é fundamental, pois, para conhecer através da visão, é necessário o apoio dos outros sistemas de processamento de informações.

As Percepções

A Percepção Tátil

O tato é um dos sentidos mais utilizados pela criança, mesmo que ela não tenha consciência desse tipo de percepção. Através do tato a criança percebe diferentes texturas, pesos, temperaturas, consistências, volumes e resistências de materiais.

As experiências táteis enriquecem o processo de aprendizagem pelas informações concretas que proporcionam sobre o mundo que nos rodeia.

Os exercícios realizados com os olhos vendados proporcionam experiências bastante significativas, pois estimulam o pensamento e favorecem a integração das outras percepções.

A Percepção Auditiva

A percepção auditiva é responsável pela qualidade de comunicação. Sem a capacidade de discriminar sons, não é possível entender corretamente o que os outros dizem nem captar a riqueza e a variedade de sons que provêm do ambiente que nos cerca. Através da estimulação da percepção auditiva, podemos levar a criança a perceber maior quantidade de sons, proporcionando-lhe, assim, oportunidade de entender melhor o que acontece à sua volta. A alfabetização depende também da capacidade de discriminar auditivamente, pois sem uma percepção correta dos sons das letras e dos fonemas, a leitura e a escrita poderão ser incorretas. Igualmente a apreciação da música depende de sensibilidade auditiva; a música de qualidade requer percepção auditiva desenvolvida. Através de brincadeiras que estimulam a percepção auditiva estaremos paralelamente desenvolvendo a capacidade de concentrar a atenção.

A Percepção Visual

A capacidade de discriminar visualmente depende de estimulação e pode ser desenvolvida através de atividades lúdicas do manuseio de jogos e materiais que solicitem habilidades visuais.

A alfabetização também não poderá acontecer se a criança não desenvolver a aptidão de discriminar a forma das letras. No desenho, assim como na escrita, não haverá reprodução de detalhes se a criança não os tiver percebido corretamente. Uma boa visão é privilégio que merece ser bem aproveitado.

Áudio

Estimula

Percepção auditiva.
Discriminação de sons diferentes.
Atenção e concentração.

Descrição

Dez embalagens de fermento, forradas com papel fantasia, e para cada duas embalagens os seguintes materiais: feijões, sementes secas de abóbora, um pedaço de 3 cm de cabo de vassoura, três tampas de refrigerante e três pregos. A tampa está revestida com um círculo de papelão para dificultar sua abertura.

Possibilidades de Exploração

♦ Balançar as embalagens, procurando as que produzem sons iguais, e agrupá-las duas a duas.
♦ Utilização como jogo: cada participante escolhe uma embalagem e tem duas ou três chances de achar o som igual.
♦ Caso o encontre, recebe uma ficha.
♦ Ganha quem tiver mais fichas.

Atividades Complementares

✧ Providenciar com antecedência o material necessário para a produção de vários ruídos, como apito, barbeador elétrico, relógio, sino, raquetes e bolas etc. Durante o jogo, as crianças têm os olhos vendados e permanecem sentadas em círculo. A professora faz o ruído e a criança escolhida para começar o jogo descreve o que originou o ruído; se acertar, a criança pode tirar a venda e, com a ajuda da professora, fazer o próximo ruído para que o colega adivinhe. Quem não acertar permanece com a venda nos olhos.

Atividades Gráficas

Desenhar coisas que façam muito barulho e que façam pouco barulho etc.

Para Reflexão

A capacidade de discriminar sons é fundamental para a compreensão da linguagem e da comunicação oral. A falta de percepção auditiva impede a compreensão de ordens e provoca a falsa impressão de surdez. A habilidade para discriminar sons, assim como a memória auditiva, pode ser estimulada e desenvolvida através de exercícios e brincadeiras. A capacidade de discriminação auditiva é indispensável, também, para se poder usufruir dos prazeres que o sentido da audição pode proporcionar.

Quente ou Frio?

Estimula

Percepção tátil.
Discriminação térmica.
Vocabulário.

Descrição

Oito latinhas de filmes fotográficos contendo: pedrinhas de gelo (em duas latinhas), água fria (em outras duas), água quente (em mais duas) e água morna nas demais.

Possibilidades de Exploração

♦ Pedir à criança que forme os pares de latinhas procurando as temperaturas iguais.

Atividades Complementares

❖ Com os olhos fechados, apalpar móveis, paredes e objetos, procurando perceber diferentes temperaturas.
❖ Dizer quais os materiais mais frios e quais os mais quentes que encontraram.

Atividades Gráficas

Desenhar um alimento (ou escrever o nome) que seja consumido frio, um que seja consumido quente e outro que seja consumido gelado.

Para Reflexão

Atividades com materiais que propiciam discriminação tátil contribuem para o desenvolvimento da percepção estereognóstica (percepção das formas através do tato) e para a conscientização sobre as possibilidades que a percepção tátil oferece; desenvolvendo a sensibilidade de maneira global, levam, assim, a criança a manusear os objetos de forma mais delicada. O fracasso na realização de certas tarefas escolares pode ser devido a uma falha na integração perceptomotor, alguma "falha no circuito", alguma falta de eficiência na focalização do olhar, no controle do gesto ou na articulação do movimento. A falta de domínio de algumas habilidades específicas pode provocar uma insegurança que irá interferir dificultando a aprendizagem. Não deve bastar ao professor que a criança alcance o objetivo proposto pela atividade, pois a observação do processo envolvido no desempenho de uma tarefa poderá apontar algumas falhas em nível psicomotor que estejam dificultando o processo de aprendizagem como um todo.

Sacola-Surpresa

Estimula

Atenção e concentração.
Pensamento lógico.
Vocabulário.
Percepção tátil.
Discriminação de texturas, forma e tamanho.

Descrição

Uma sacola de pano com duas aberturas laterais, fechadas com elástico, dentro da qual existem objetos e tecidos de texturas diferentes:

1) *para discriminação de texturas:* 3 retalhos de lã, 3 de seda e 3 de veludo (mesmo tamanho), 3 pedaços de lixa, 3 de plástico e 3 de papel;
2) *para discriminação de formas:* 4 quadrados (5x5 cm), 4 triângulos (5x5 cm), 4 círculos (5 cm diâmetro) e 4 retângulos (7x3 cm); formas geométricas de cartolina ou de madeira;
3) *para discriminação de tamanho:* 2 dados, 2 lápis, 2 tampinhas e 2 colheres-objetos (uma grande e outra pequena);
4) *para percepção estereognóstica:* 3 grampos, 3 alfinetes de fralda, 3 colheres de café, 3 dados, 3 bolinhas de gude, 3 lápis, 3 botões e 3 borrachas.

Possibilidades de Exploração

- Retirar um objeto da sacola, examiná-lo e depois retirar outro igual.
- Introduzir as duas mãos pelas aberturas laterais da sacola e encontrar dois objetos iguais.
- Encontrar um objeto grande com a mão direita e um pequeno com a mão esquerda, ou vice-versa.
- Segurar um objeto dentro da sacola, examiná-lo pelo tato e, sem olhar, dizer qual é; conferir em seguida.
- Fazer o mesmo com a outra mão.
- Atender comandos da professora para pegar objetos dentro da sacola. (Exemplo: "Pegue uma borracha" ou "Pegue um objeto de metal", ou ainda "Pegue um triângulo pequeno".)

Atividades Complementares

- De olhos vendados, apalpar e descrever pequenos objetos dispostos sobre a mesa: chave, tesoura, pente, lápis, giz etc.

Atividades Gráficas

Desenhar coisas que tenham a mesma textura. (Exemplo: duas coisas macias, duas coisas ásperas.)

Para Reflexão

As atividades de identificação de objetos através do tato (percepção estereognóstica) desenvolvem o pensamento, a atenção e a memória. Aumentam a sensibilidade de maneira geral, levando a criança a manusear o material de forma mais delicada.

Cheira-Cheira

Estimula

Sensibilidade para odores.
Reconhecimento olfativo.

Descrição

Dez caixinhas de filme fotográfico, preenchidas aos pares, com cinco materiais de odores diferentes: café, cravo, algodão com perfume, canela e sabão em pó.
Após serem preenchidas, as caixinhas são cobertas com tecidos de textura fina.

Possibilidades de Exploração

♦ Com os olhos vendados e sem mexer no conteúdo das caixinhas, formar pares selecionando as caixinhas somente pelo olfato.

Atividades Complementares

⋄ Enumerar flores e frutas que sejam perfumadas.
⋄ Enumerar alimentos doces, salgados, azedos e amargos.
⋄ Preparar alimentos: um doce e outro salgado.
⋄ Cheirar e identificar ervas aromáticas naturais: alecrim, hortelã, coentro, manjericão etc.

Atividades Gráficas

Desenhar um alimento doce, um amargo, um azedo e um que se coma com sal.
Desenhar uma flor e uma fruta que sejam perfumadas.
Desenhar cinco alimentos, circulando os dois de que mais goste.

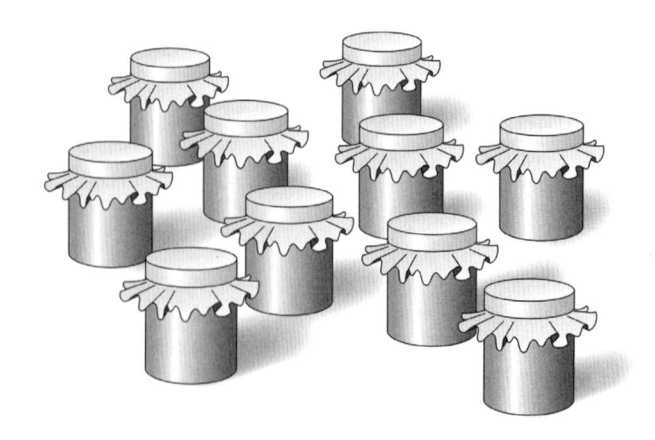

Para Reflexão

Todos os nossos sentidos podem ser desenvolvidos através de estimulação adequada. As percepções alcançam níveis de refinamento compatíveis com as necessidades circunstanciais, mas também por intervenção educacional. As informações que recebemos através de nossos sentidos devem ser processadas, decifradas, codificadas e integradas ao conhecimento do corpo para serem significativas.

Qual é o Peso?

Estimula

Percepção tátil.
Discriminação de peso.
Sensibilidade do tato.

Descrição

10 caixinhas de filme fotográfico preenchidas aos pares com cinco materiais diferentes: algodão, pilhas médias, clipes, feijão e açúcar. No verso de cada par de caixinhas, colocar um pequeno círculo colorido para que a criança possa, após a comparação dos pesos, virar as caixinhas para conferir se os pares estão corretos.

Possibilidades de Exploração

- Misturar as caixinhas e pedir que as crianças avaliem e formem os pares de caixinhas que têm o mesmo peso.
- Conferir depois, verificando se a cor do círculo do fundo da caixinha é igual.
- Dividir a classe em dois grupos; o elemento de um grupo cita o nome de um objeto ou animal e as crianças do outro grupo deverão dizer o nome de um animal ou objeto mais leve do que ele e outro mais pesado.

Atividades Complementares

- Andar pelo ambiente experimentando o peso das peças e dizer o que foi possível carregar, o que foi difícil carregar e o que foi impossível mover do lugar.

Para Reflexão

O conhecimento dos próprios limites é fator determinante para que uma pessoa possa agir com segurança. Muitos pequenos acidentes ocorrem por que as pessoas agem de forma considerada "desastrada", sem avaliar corretamente o alcance de seus gestos ou a força de seus músculos. Para exercer um bom controle de movimentação corporal é preciso passar por experiências que estimulem a sua aquisição. As informações, recebidas verbalmente, nem sempre provocam assimilação do conhecimento a respeito do que foi explicado. A vivência direta de determinada experiência, se for consciente, propicia a integração dos diferentes níveis de percepção, facilitando o processo de aprendizagem. As experiências táteis enriquecem o processo de aprendizagem pelas informações concretas que proporcionam sobre o mundo que nos rodeia e nossas possibilidades dentro dele.

Bauzinho das Surpresas

Estimula

Desenvolvimento do pensamento lógico-imaginativo e memória.
Percepção estereognóstica.
Vocabulário.
Imaginação.
Memória.

Descrição

Caixa de sapato com dois cortes na parte da frente, até 2 cm antes da quina lateral para fazer uma aba, dobrando para fora o pedaço cortado e deixando uma abertura para a criança enfiar a mão. Dois cantos, do mesmo lado da tampa, foram abertos para prender a beira solta na caixa, como se fosse a tampa de um baú. A caixa foi forrada com tecido (papel *contact* ou colorido). O fecho foi feito com um botão no meio da borda da caixa e uma alça na tampa, na mesma direção, com um nó nas pontas para prender à tampa. Dentro da caixa foram colocados objetos variados.

Possibilidades de Exploração

♦ Colocar algumas peças dentro do bauzinho e abrir a janelinha lateral da caixa para a criança enfiar a mão, apalpar o que está dentro da caixa e tentar adivinhar o que é.
♦ Abrir, depois, a tampa do baú para que a criança pegue o objeto e veja se acertou.
♦ Colocar, a cada dia, um objeto novo para ser identificado. Periodicamente, podem ser repetidos objetos para serem reconhecidos pela criança.

Atividades Complementares

✧ Espalhar 10 pequenos objetos sobre a mesa e pedir que as crianças os vejam; depois, devem virar de costas enquanto um objeto é retirado. Pedir então que, olhando outra vez para os objetos, digam qual está faltando. Posteriormente, aumentar o número de objetos e desafiar as crianças para que exercitem sua capacidade de observar.

Atividades Gráficas

Desenhar os objetos retirados do "Bauzinho das Surpresas" e descrever os ambientes onde podem ser encontrados.

Para Reflexão

O tato é um dos sentidos mais utilizados pela criança, mesmo que ela não tenha consciência desse tipo de percepção. Através do tato, a criança experimenta diferentes texturas, pesos, temperaturas, consistências, volumes e resistências de materiais. A integração da percepção tátil à memória visual é uma experiência muito rica e estimuladora do pensamento da criança.

Caixa de Tateio

Estimula

Integração das percepções visual e tátil.
Percepção estereognóstica.
Discriminação tátil.
Desenvolvimento do pensamento.

Descrição

Caixa, de papelão ou madeira, aberta dos dois lados, mas com uma cortininha para esconder seu conteúdo.

Possibilidades de Exploração

- Colocar objetos conhecidos pela criança dentro da caixa e pedir que ela os identifique sem vê-los, apenas apalpando-os.
- Selecionar vários pares de objetos iguais, organizar uma sequência com eles em cima da caixa e pedir à criança que organize uma sequência idêntica dentro da caixa, sem olhar.
- Selecionar um conjunto de tampas de tamanhos diferentes e pedir à criança que as organize em sequência de tamanho, dentro da caixa, sem olhar.

Atividades Complementares

⋄ Montar quebra-cabeça simples dentro da caixa.

Atividades Gráficas

Colocar formas geométricas dentro da caixa, apalpá-las com uma mão e desenhá-las com a outra, num papel em cima da caixa.

Para Reflexão

As mãos como fonte de informação provocam a integração da memória visual com a percepção tátil e estimulam operações de pensamento como comparação, identificação e classificação. A "Caixa de Tateio" possibilita o exercício do "pensamento das mãos"; através dela a criança tem oportunidade de viver experiências táteis sem precisar ter os olhos vendados, o que certamente a deixará mais à vontade.

Chocalhos

Estimula

Percepção auditiva.
Estruturação espaçotemporal.
Concentração da atenção.

Descrição

Embalagens de filme fotográfico emendadas com durex, papel *contact* ou cola, e uma tira de papel colado. Dentro das latinhas foram colocados grãos, sementes, pedrinhas, pregos ou clipes.

Possibilidades de Exploração

- Balançar o chocalho acompanhando o ritmo de uma música.
- Pronunciar palavras pausadamente para que as crianças acompanhem o ritmo produzindo um som para cada sílaba. Salientar a acentuação tônica das palavras e pedir aos alunos que a reproduzam fazendo uma pausa maior na sílaba acentuada.
- Reproduzir com o chocalho ritmos propostos, ou seja, uma pessoa bate palmas de forma irregular e os outros acompanham. (Exemplo: pa...papapa...papa...pa.)

Atividades Complementares

- Pesquisar o som dos objetos. Dividir as crianças em grupos que deverão descobrir vários sons diferentes no ambiente onde estão e, depois, apresentá-los aos colegas.
- Em seus lugares, com os olhos fechados e em absoluto silêncio, as crianças deverão, durante dois minutos, prestar atenção para verificar quantos sons conseguem identificar. Passado esse tempo, farão o relato sobre os sons que escutaram. Repetir o exercício para verificar se, na segunda vez, conseguem perceber maior número de sons.

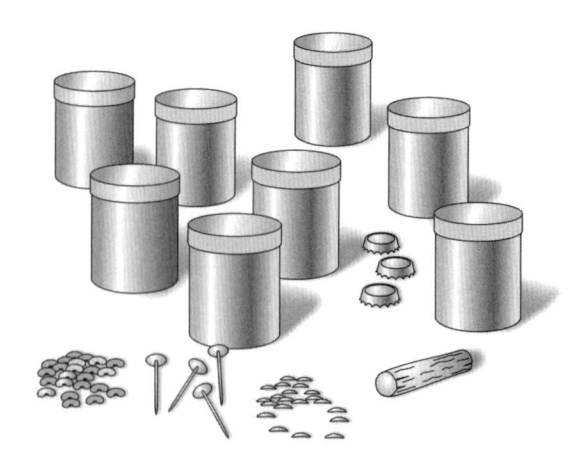

Atividades Gráficas

Riscar o papel, acompanhando ritmos propostos pela professora. (Exemplo: um tracinho vertical para cada batida; V para duas batidas; um triângulo para três batidas; um quadrado para quatro batidas.)
Fazer traços, acompanhando ritmo lento, e acelerar o ritmo para sentir a diferença.
Riscar o papel com um lápis, acompanhando batidas leves e batidas fortes, fazendo traços leves para batidas leves e traços fortes para batidas fortes.

Para Reflexão

Ouvir, compreender e interpretar estruturas rítmicas, como sequências de batidas de palmas, é uma resposta que envolve ritmo-pausa-duração. Este exercício integra o pensamento auditivo como pensamento para o movimento. A dificuldade em imitar modelos de estruturas rítmicas, geralmente, indica que a criança está tendo dificuldade com a coordenação dos chamados "eixos do corpo".

Qual Você Pegou?

Estimula

Percepção estereognóstica.
Integração da percepção visual.
Pensamento.

Descrição

Caixa com frascos de plástico de diferentes formas e tamanhos.

Possibilidades de Exploração

- Escolher um frasco, depois vendar os olhos e tentar identificá-lo entre os outros, só por tateio.
- Fazer o contrário, isto é, pegar um frasco com os olhos vendados, apalpá-lo para perceber o seu formato e colocá-lo de volta entre os outros. Retirar, em seguida, a venda, olhar todos os frascos e tentar reconhecer qual foi o apalpado.

Atividades Complementares

- Formar conjuntos de frascos e explicar qual foi o critério utilizado para fazer a seleção.
- Organizar uma fila de frascos por ordem de tamanho. Dividir as crianças em grupos, retirar todas as tampas dos frascos e desafiar os grupos para verem qual o que consegue colocar maior número de tampas nos frascos.

Atividades Gráficas

Selecionar um frasco e desenhá-lo; posteriormente, fazer os exercícios acima descritos e, depois, desenhar o frasco apalpado para verificar se houve maior perfeição na reprodução da forma do frasco.

Para Reflexão

Os exercícios realizados com os olhos vendados proporcionam experiências bastante significativas, que estimulam o pensamento e favorecem a integração das outras percepções. Os jogos para o "pensamento das mãos", como diz PIAGET, são considerados reforçadores da integração do pensamento visual. "A mão não atua apenas como uma fonte contribuindo para a informação recebida. Como expressora de efeito, por exemplo, a mão pode desenhar o que os olhos veem. Como confirmadora da informação, pode verificar, através do tato, o que a visão pensa que vê. Transformações, permutas, combinações, classificações, conceitos de número, reconhecimento de letras são apenas algumas das muitas atividades de pensamento que são melhoradas e reforçadas pelo desenvolvimento do 'pensamento das mãos' para um nível inteligente" (Furth e Wachs). Por ser a visão um sentido predominante, quando estamos com os olhos abertos não utilizamos tanto outros tipos de percepção, que podem ser estimulados quando ela não está presente.

Quantas Foram?

Estimula

Concentração da atenção.
Percepção auditiva.

Descrição

Garrafa plástica transparente. Tampinhas de pasta dental (ou similares).

Possibilidades de Exploração

- Introduzir as tampinhas na garrafa contando em voz alta.
- Introduzir as tampinhas, mas contando mentalmente; a seguir, perguntar quantas tampinhas foram e comparar os resultados. Para conferir, retirar as tampinhas da garrafa e contá-las.
- Misturar outros ruídos ao ruído das tampinhas caindo na garrafa. Por exemplo, deixar cair também alguns clipes ou grampos, mas recomendar às crianças que contem somente quando as tampinhas caírem.
- Introduzir tampinhas na garrafa de acordo com determinada sequência rítmica e pedir às crianças que imitem o ritmo batendo com o lápis na mesa.

Atividades Complementares

- Fazer a brincadeira "FAÇA O QUE EU DIGO E NÃO O QUE EU FAÇO".
- Recomendar às crianças que prestem atenção à ordem verbal e não ao gesto. (Exemplo: dizer "ponha as mãos no ombro", mas colocar as mãos na cabeça; dizer "ponha a mão no nariz" e colocar a mão na orelha, e assim por diante, sempre desencontrando o comando verbal do gesto desempenhado.)

Atividades Gráficas

Desenhar vários cachos de uva, contar as uvas de cada cacho e escrever o número embaixo.

Para Reflexão

Ouvir com atenção, pensando no que está acontecendo, pode ser um hábito que certamente irá desenvolver bastante não só a capacidade de concentrar a atenção como a capacidade de discriminar sons diferentes, duas habilidades imprescindíveis para a aquisição da leitura e da escrita. Através de jogos e brincadeiras, como esta acima citada, a criança pode fazer um autodesafio com o objetivo de aumentar os seus acertos. O prazer de sentir que está aumentando os seus escores, ou seja, melhorando o seu nível de desempenho, é o melhor estímulo que uma pessoa pode ter. Por essa razão, é muito importante dar oportunidade para que a criança se conscientize de que pode melhorar, bastando para isso que se esforce.

Cesta de Pastéis

Estimula

Discriminação tátil.
Estabelecimento do conceito de igual e diferente.

Descrição

Círculos de tecidos variados, com aproximadamente 10 cm de diâmetro, dobrados ao meio e costurados em forma de pastéis. Cada par de "pastéis" do mesmo tecido está recheado com os seguintes materiais: flocos de espuma, bolinhas de isopor, palha, tampas de creme dental etc.

Possibilidades de Exploração

♦ Com os olhos vendados, só com o uso do tato, agrupar os dois "pastéis" que contêm o mesmo recheio. Após a discriminação correta, os "pastéis" da mesma cor deverão estar juntos, permitindo assim que a própria criança veja se acertou, pois, se foi feita a associação dos dois "pastéis" com o mesmo recheio, os dois serão da mesma cor.

Atividades Complementares

✧ Amassar uma folha de papel com apenas uma mão, sem a ajuda da outra e sem apoiar na mesa.
✧ Fazer o mesmo com a outra mão.

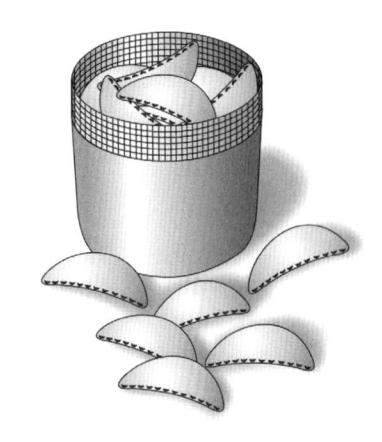

Atividades Gráficas

Desenhar círculos, recortá-los e dobrá-los como se fossem pastéis.
Desenhar dentro de cada "pastel" o que poderia ter como recheio.

Para Reflexão

A Escola que resgata a cultura da criança, que proporciona liberdade de escolha e favorece a vivência de experiências alegres e descontraídas, certamente conseguirá melhores resultados. Aproveitando a atmosfera lúdica, a aquisição de informações pode ser mais eficiente e duradoura. Preservando o prazer nas atividades, assegura-se a continuidade da curiosidade tão natural à infância, mas que se perde no momento em que a obrigatoriedade da execução de tarefas desinteressantes transforma a Escola em lugar para se cumprirem obrigações e não para que se façam novas descobertas.

Encaixe Todas

Estimula

Discriminação visual.
Comparação de tamanhos.
Pensamento lógico.
Atenção.

Descrição

Caixa de papelão duro em cuja tampa foram desenhados os contornos de oito tampas de plástico de tamanhos diferentes. A caixa deve ser bem baixa para que as tampas não afundem.

Possibilidades de Exploração

- Tirar todas as tampas e tornar a colocá-las em seus lugares, de forma que não sobre nenhuma.
- Tirar as tampas e organizar uma sequência por ordem de tamanho.
- Separar duas tampas, organizar uma sequência com as outras e pedir à criança que introduza, no lugar certo, as tampas que ficarem de fora.

Atividades Complementares

- Desenhar na lousa linhas de diferentes tamanhos.
- Cortar barbantes (ou fitas, ou tiras de papel) em tamanhos correspondentes ao das linhas na lousa.
- Estender as linhas sobre a mesa e pedir a cada criança que escolha uma linha na lousa, pegue o fio do tamanho correspondente e faça a superposição para verificar se acertou na escolha.

Atividades Gráficas

Preencher uma folha de papel em branco, desenhando o contorno de diferentes tampas de plástico, e, depois, colorir os círculos.

Para Reflexão

Os brinquedos artesanais são construídos por alguém que os faz com postura lúdica de um artista; portanto, sua criação está impregnada da mesma finalidade para a qual foram construídos. O brinquedo do tipo "fui eu quem fez", é produto de uma emoção e expressa um sentimento lúdico manifestado pela sua execução. Se observarmos o rosto das pessoas que visitam exposições de brinquedos feitos de sucata, poderemos constatar o encantamento de quem foi tocado pela sensibilidade que ele representa. Esse encanto resulta da combinação da força do ato criativo com a simplicidade da matéria-prima utilizada. Esse tipo de brinquedo parece simbolizar a dedicação das pessoas que o constroem. As atividades criativas mobilizam potencialidades, provocam satisfação interior e elevam o autoconceito. Há muita alegria e descontração nos grupos de pessoas que criam com sucata. CONSTRUIR UM BRINQUEDO É UMA ENRIQUECEDORA FORMA DE BRINCAR.

Atenção, Atenção!

Estimula

Atenção.
Discriminação visual.
Memória visual.
Vocabulário.

Descrição

Uma folha de cartolina (colada em dois pedaços de cartão grosso para endurecer e poder dobrar) contendo 60 quadrinhos recortados de revistas em quadrinhos e colados em diferentes posições. Sessenta cartelinhas com as mesmas figuras, recortadas de outra revista igual.

Possibilidades de Exploração

- Colocar o tabuleiro sobre a mesa e distribuir as cartelinhas entre os participantes. Ao sinal de início, cada jogador deverá colocar sua cartela em cima da figura igual no tabuleiro. Quem conseguir colocar primeiro todas as suas figuras vence o jogo.
- Dar cinco fichas, ou marcadores, para cada participante (poderão ser tampinhas coloridas) e colocar todas as cartelinhas dentro de um saquinho. Uma criança sorteia uma cartelinha, mostrando-a aos outros jogadores por aproximadamente 5 segundos. Em seguida, esconde-se a cartela, virando-a de face para baixo, e as crianças deverão, o mais rapidamente possível, colocar suas fichas no tabuleiro sobre as figuras correspondentes ao desenho visto na cartelinha. Depois, outra criança fará o sorteio. O primeiro que conseguir colocar todas as cinco fichas sobre os desenhos dá o sinal e aí todos param, não podendo mais marcar as figuras. Contam-se os pontos (cada figura certa vale 1 ponto) e assim continua o jogo, até que alguém consiga fazer 15 pontos.
- As crianças observam as figuras durante um minuto; depois, cada criança, à sua vez, pede que os colegas encontrem uma figurinha com determinadas características. (Exemplo: "Magali comendo melancia", para ver quem acha primeiro.)

Atividades Complementares

- Recortar quadrinhos de revistas infantis e colar no caderno, procurando modificar o final da história.

Atividades Gráficas

Pedir às crianças que desenhem um quadrado, um triângulo, um círculo e um retângulo. Depois, pedir-lhes que completem os desenhos, transformando-os em outras figuras.

Para Reflexão

As revistas de figuras são muito úteis para motivar as crianças para a leitura. Observando as figuras, as crianças estão não somente desenvolvendo sua capacidade de discriminar visualmente, mas também tentando decifrar o significado das palavras escritas.

Encaixou!

Estimula

Discriminação visual.
Atenção.
Destreza.

Descrição

Caixa contendo 30 cartelas (ou cartas de baralho) recortadas de forma diferente. A caixa deve ser do mesmo tamanho das cartelas.

Possibilidades de Exploração

- Misturar as peças e procurar as que se complementam para ir colocando de volta na caixa.
- Espalhar todas as metades pela mesa. Os participantes do jogo ficam ao redor, prestando atenção para descobrir onde estão as peças que se encaixam corretamente. Na sua vez, o jogador pega duas peças que julga serem as partes de um inteiro. Se elas se encaixarem corretamente, ele as colocará na caixa; se errar, deverá devolvê-las à mesa.
- Com as peças separadas e espalhadas pela mesa, uma pessoa escolhe uma metade e a segura, mostrando-a aos participantes, que deverão identificar a outra metade.

Atividades Complementares

- Dividir as crianças em dois grupos. O representante de um dos grupos deverá ir à frente e descrever para seus companheiros de grupo um colega que eles terão de adivinhar qual é. (Exemplo: "Ele é magro, usa óculos e calça tênis".) O colega a ser descrito é escolhido pelo grupo opositor e só quem está descrevendo é que sabe quem ele é. Para adivinhar, os participantes só poderão fazer duas tentativas. Se não acertarem, perderão a vez e não ganharão ponto. Vence quem tiver alcançado maior número de pontos.

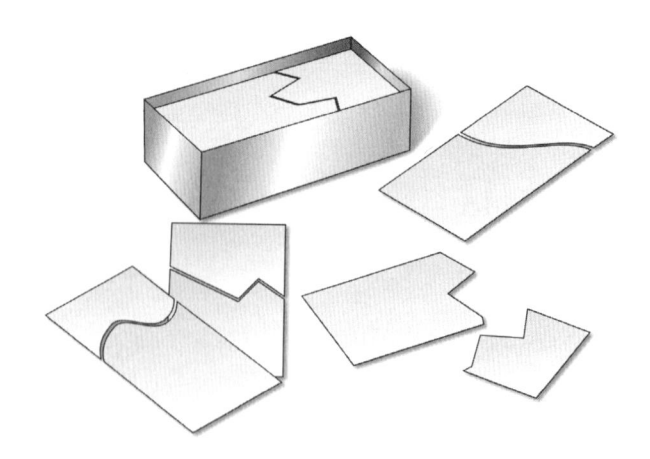

Atividades Gráficas

Desenhar quatro retângulos e fazer linhas sinuosas, dividindo-os ao meio. Em seguida recortá-los, separar as metades irregulares e tornar a juntá-las, colando-as no caderno.

Para Reflexão

Observando o desempenho da criança na escola, precisamos estar atentos para alguns sinais que podem nos fornecer pistas sobre dificuldades que ela possa ter; dores de cabeça, tonturas, enjoo, estrabismo ou o hábito de apertar os olhos para enxergar podem ser indícios de que ela está precisando consultar um oculista. Muitas pessoas possuem déficits visuais que só foram constatados na idade adulta, mas que certamente dificultaram bastante seu processo de aprendizagem e suas oportunidades de desfrutar tudo que uma boa visão pode proporcionar.

Jogo das Silhuetas

Estimula

Percepção visual.
Reconhecimento de figuras.
Identificação de silhuetas.

Descrição

Figuras de revistas coladas em cartolina e recortadas. Cartelas de papelão nas quais foram coladas as silhuetas das figuras feitas em papel de cor escura.

Possibilidades de Exploração

- Fazer a correspondência das figuras com suas silhuetas.
- Dizer o nome das figuras, olhando apenas suas silhuetas.
- Colocar as figuras recortadas dentro de uma sacola e tentar identificar as silhuetas pelo tato, apalpando a figura dentro da sacola. Usar como "Jogo de Loto". O número de cartelas e das respectivas figuras pode variar de acordo com o número de participantes. Se forem vinte jogadores, podem-se confeccionar vinte cartelas.

Atividades Complementares

- Emendar folhas de jornal para que as crianças deitem sobre elas e, fazendo revezamento, uma deita e outra desenha seu contorno com uma caneta grossa. Recortar as silhuetas, misturá-las e prendê-las com durex na parede de forma que os pés encostem no chão. As crianças deverão reconhecer qual é a sua silhueta, completá-la desenhando alguns detalhes e compará-la com a dos colegas.
- Observar as sombras das pessoas, das árvores e das construções.
- Riscar no chão a sombra de uma pessoa em pé, contra o sol.

Atividades Gráficas

Desenhar a sombra de objetos colocando-os em pé sobre o papel.
Desenhar figuras e suas sombras.

Para Reflexão

Para que a percepção visual aconteça em sua plenitude, é necessário, obviamente, que não exista qualquer tipo de deficiência visual. Portanto, sempre é bom verificar se a criança possui uma visão perfeita ou se ela precisa de algum tipo de ajuda, pois uma visão normal é indispensável ao seu progresso escolar. Mesmo com um aparelho visual normal, a capacidade de discriminar visualmente pode ser prejudicada por falta de atenção.

Loto de Figuras

Estimula

Percepção visual.
Discriminação de figuras.
Estabelecimento do conceito de igual/diferente.
Definição funcional do objeto.

Descrição

Figuras variadas, retiradas de duas revistas iguais. Essas figuras foram coladas em cartelas de cartolina de tamanho suficiente para colocar seis figuras. Em cartelinhas menores, são coladas individualmente, as figuras iguais às que estão nas cartelas.

Possibilidades de Exploração

- Jogar como Jogo de Loto.
- Estabelecer critérios para descrever as figuras sorteadas. (Exemplo: "Para que serve..." – a pessoa que sorteia, sem mostrar a figura, deverá dizer qual a utilidade do objeto representado e as crianças deverão adivinhar.)
- Sortear e dizer só a primeira sílaba do nome da figura.
- Sortear a figura e dar apenas algumas características sobre ela.

Atividades Complementares

✧ As cartelinhas poderão, também, ser utilizadas sem as cartelas, ou seja, sem ser como jogo de loto. (Exemplo: sortear uma figura e inventar uma mentira sobre ela. Sortear duas figuras e formar uma frase com ela etc.)

Atividades Gráficas

Desenhar uma cartela de loto e preenchê-la com desenhos.

Para Reflexão

"Desde as ações mais elementares em nível sensório-motor (tais como empurrar ou puxar) até as operações intelectuais mais sofisticadas, que são ações interiorizadas, executadas mentalmente. (Exemplo: reunir, ordenar, pôr em correspondência um a um.) O conhecimento está constantemente ligado a ações ou operações, isto é, a transformações... O conhecimento, na sua origem, não nasce nem dos objetos nem do sujeito, mas das interações em princípio inextricáveis entre o sujeito e esses objetos." (Piaget)

Dominó dos Personagens

Estimula

Pensamento lógico.
Discriminação visual.
Imaginação.
Enriquecimento do vocabulário.
Fluência verbal.

Descrição

Cinquenta e seis retângulos de cartolina (12x5 cm) com figuras de revistas em quadrinhos, contendo cenas com sete personagens diferentes (oito vezes cada personagem, como no jogo de dominó).

Possibilidades de Exploração

- Jogar como dominó: coloca-se uma peça na mesa e os jogadores deverão ir colocando dominós que contenham cenas nas quais aparece o mesmo personagem presente na figura anterior.
- Dizer o que aconteceu na figura que está na ponta e prosseguir inventando a ligação com a cena da figura seguinte, acrescentando: depois...

Atividades Complementares

- Narrar um fato e, em seguida, pedir aos alunos que façam suposições sobre a razão pela qual o fato aconteceu. (Exemplo: "Paulo ia andando e tropeçou. Por quê?"
"Maria começou a chupar uma laranja e fez careta. Por quê?"
"O caminhão ia pela estrada e parou de repente. Por quê?"
"Quando Cristina sentou na cadeira, a cadeira quebrou. Por quê?"
"Quando Cláudia passou, todos deram risada. Por quê?"
"Quando Marcos chegou em casa sua mãe estava muito brava. Por quê?"
"Quando a motocicleta passou, Rogério tampou o ouvido. Por quê?"

Atividades Gráficas

Desenhar uma cena descrevendo um fato ocorrido.

Para Reflexão

A capacidade de lembrar o que foi aprendido ou vivenciado e de atuar com base nessas informações é fundamental para todas as tarefas sequenciais em educação. Sem um alcance adequado de memória visomotora, as tarefas devem ser constantemente reaprendidas, o que implica grande perda de tempo e eficiência. A retenção de modelos visomotores sequenciais é um elemento essencial para essa capacidade de aprendizagem.

Bingo de Formas Geométricas

Estimula

Percepção visual.
Reconhecimento de formas e cores.
Classificação.
Atenção e concentração.

Descrição

Seis cartelas (20x20 cm) contendo desenhos de círculos, triângulos, quadrados e retângulos (em cores diferentes).
Trinta e seis cartelinhas (4x4 cm) das mesmas figuras, para serem sorteadas.
Tampinhas de pasta de dente, ou outros marcadores, para marcar a figura sorteada.

Possibilidades de Exploração

♦ Ao ouvir a descrição da figura "cantada", a criança coloca uma tampinha em cima da figura correspondente. Ganha o bingo quem conseguir completar uma fileira horizontal ou vertical.

Atividades Complementares

❖ Apontar as figuras iguais e diferentes de cada fileira das cartelas.
❖ Procurar no ambiente objetos que tenham forma semelhante às formas geométricas.
❖ Fazer um ditado de formas geométricas. (Exemplo: um quadrado, dois triângulos, um círculo, um retângulo, três círculos.) Ao final, os alunos se reúnem para conferir o resultado.

Atividades Gráficas

Em papel quadriculado, desenhar uma escadinha, começando do primeiro quadrado e descendo até o fim da página. Fazer a mesma coisa, começando do segundo quadrado, depois do terceiro, e assim por diante. Usar lápis de cores diferentes para cada escadinha.

Para Reflexão

Para as crianças que enxergam, o pensamento visual é muito importante, pois o sucesso em seu desempenho depende, também, do controle que elas possam ter sobre os movimentos discriminativos dos olhos. A simples fixação de um objeto que esteja em seu campo visual não assegura que ele esteja sendo corretamente percebido.

Asas de Borboleta

Estimula

Discriminação visual.
Atenção.
Noção de simetria.

Descrição

Borboletas desenhadas em quadrados de cartolina cortados ao meio, de maneira que as duas asas da borboleta fiquem uma em cada metade.

Possibilidades de Exploração

- Misturar as metades e depois formar as borboletas juntando as partes simétricas.
- Jogar como "Jogo da Memória": voltar todas as peças para baixo e misturá-las para que cada jogador tente formar suas borboletas encontrando as duas metades simétricas.

Atividades Complementares

⋄ Desenhar na lousa mãos direitas e mãos esquerdas, em diferentes posições. Desenhar, também, mãos com um ou mais dedos dobrados, de forma que uns fiquem aparecendo e outros fiquem faltando. Quando o quadro estiver repleto, fazer uma brincadeira na qual cada criança poderá, em uma tentativa só, colocar a sua mão em cima do desenho, exatamente na mesma posição. Quem acertar tem o direito de apagar a mão que cobriu.

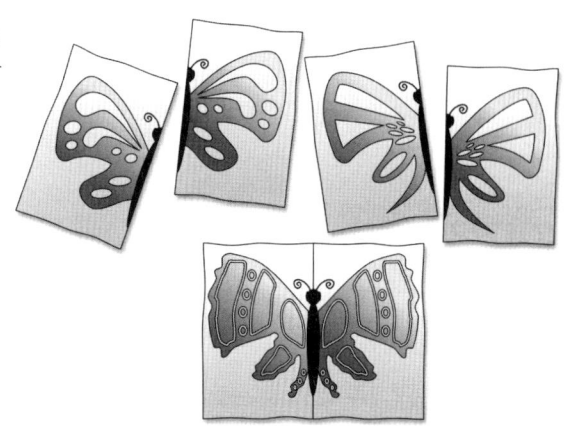

Atividades Gráficas

Desenhar três borboletas em posições diferentes e colori-las.

Para Reflexão

Mesmo durante a rotina da vida diária de uma família, existem muitas oportunidades para estimular o pensamento das crianças e para torná-las mais confiantes. A melhor fonte de aprendizagem é um adulto disposto a partilhar experiências com as crianças, desde que isso seja feito de maneira natural e amigável. Para que a interação seja enriquecedora, é preciso, antes de mais nada, ouvir a criança. Muitas vezes, os adultos até têm paciência de contar histórias ou de ensinar a jogar um jogo, mas são raras as pessoas que realmente escutam com a devida atenção o que as crianças têm a dizer. Escutar a criança é uma forma de estimulá-la a comunicar-se, a formular frases e a organizar seus pensamentos. O fato de dar atenção e demonstrar interesse pelo que ela tem a dizer significa que a estamos valorizando como pessoa, e por essa razão ajudando-a a elevar o seu autoconceito.

Canetas Coloridas

Estimula

Discriminação visual para cores.
Classificação.
Orientação espacial.
Reprodução de figuras.
Operações matemáticas.

Descrição

Canetas coloridas usadas, cujo conteúdo foi retirado, para aproveitar só o plástico externo. Copos feitos de fundo de garrafas de refrigerante, em cujas bordas foi colocado durex das mesmas cores das canetas.

Possibilidades de Exploração

- Classificar as canetas pela cor, colocando-as nos copos com as cores correspondentes.
- Formar figuras geométricas com as canetas.
- Fazer sequências com quantidades diferentes de canetas.
- Reproduzir, com as canetas, desenhos feitos na lousa.
- Criar barras formando "gregas" com as canetas.

Atividades Complementares

- Distribuir as canetas entre as crianças e fazer "ditado" de figuras geométricas.
- Jogar como "Jogo de Palitos": cada criança segura cinco canetas, com as mãos escondidas atrás das costas, e escolhe uma das opções PAR ou ÍMPAR. A um sinal dado, mostra à sua frente algumas canetas cujo número será somado ao do parceiro para verificar se o total é um número par ou ímpar. Vence quem tiver escolhido a opção correspondente ao número total da soma.

Observação: este jogo também pode ser jogado com a classe inteira. Somando-se o número de canetas que cada criança apresentou, chegar-se-á a um total que dará a vitória a um dos grupos, o grupo PAR ou o grupo ÍMPAR.

Atividades Gráficas

Desenhar as formas criadas com as canetas, reproduzindo as cores das canetas com os lápis de cor.
Fazer modelos de figuras que possam ser realizados com as canetas.

Para Reflexão

A complementação da atividade de criar com as canetas, reproduzindo as figuras criadas, reforça a compreensão das relações espaciais e propicia a aquisição dos conceitos de posição, que serão vivenciados e poderão ser verbalizados durante a atividade, tais como horizontal, vertical, inclinado, no fim, no começo, acima, abaixo, ao lado.

Esquema Corporal

"O Esquema Corporal é a organização das sensações relativas ao próprio corpo, em relação aos dados do mundo exterior" (LeBoulch). É um referencial básico para a criança conhecer o mundo que a rodeia. As informações sensoriais perceptivas e motoras que a criança recebe através das atividades corporais quando brinca, joga ou utiliza materiais são de real importância na formação do Esquema Corporal. Alguns exercícios específicos podem contribuir bastante para que ela tome consciência dos limites e das possibilidades de seu próprio corpo. O conhecimento do EU corporal possibilita o conhecimento do "não EU", isto é, do mundo exterior dos objetos e das outras pessoas, e servirá como ponto de partida básico para se chegar às noções de espaço, tempo, forma, volume etc.

O conhecimento sobre características e funcionamento do corpo humano, assim como sobre os diversos tipos físicos, pode ser facilmente adquirido através do manuseio de brinquedos. A conscientização sobre aspectos relativos ao Esquema Corporal e uma imagem corporal bem estabelecida são fatores de equilíbrio pessoal e podem gerar maior respeito e cuidado para com o próprio corpo e o dos demais.

Boneco Articulado

Estimula

Noção do esquema corporal.
Conscientização sobre as partes do corpo e suas posições.
Habilidade manual.

Descrição

As partes do corpo recortadas em cartolina (conforme modelo acima): cabeça, pescoço, tronco, dois braços, dois antebraços, duas mãos, duas coxas, duas pernas e dois pés. Para juntar as partes fazendo as articulações, podem ser feitos furos com furador de papel e colocadas tachas, que se abrem depois, e perfurar o papel. Outra alternativa é furar as articulações com uma agulha grossa e barbante, e depois dar um nó de cada lado do barbante.

Possibilidades de Exploração

- Recortar e montar o boneco articulado.
- Pedir a uma pessoa que sirva de modelo, assumindo diferentes posições que os alunos procurarão reproduzir com seus bonecos.
- Fazer o exercício contrário: colocar o boneco em posições que as pessoas deverão representar.
- Descobrir quais as posições que podem ser feitas com o boneco, mas que são impossíveis de serem realizadas pelo ser humano.

Atividades Complementares

- Sentar em boa postura, fechar os olhos, relaxar, respirar profundamente e, com as mãos em cima da região do diafragma, tentar perceber a saída e a entrada de ar nos pulmões.
- Apalpar os pulsos para perceber o sangue correndo nas veias; procurar escutar o batimento do coração de um colega.
- Apalpar-se e descobrir quais as regiões do corpo que são moles (músculos, pele, gengiva) e quais são duras (ossos, unhas, dentes).
- Enumerar as partes do corpo que são únicas e as que são duplas.

Atividades Gráficas

Desenhar bonecos em posições diferentes.
Desenhar roupas em cima do desenho dos bonecos.

Para Reflexão

A falta de um esquema corporal bem constituído pode fazer com que a criança seja "desastrada", tenha dificuldades para se vestir, falta de habilidade manual e caligrafia ruim, além da possibilidade de apresentar problemas de personalidade. Trabalhar o corpo de maneira harmoniosa e consciente certamente é uma forma segura de conseguir maior equilíbrio, não somente no sentido físico da palavra, mas também no nível emocional.

Mãos e Pés

Estimula

Conscientização sobre características das mãos e dos pés.
Noção de direita e esquerda.

Descrição

Mãos e pés desenhados e recortados em plástico ou cartão.
As unhas são pintadas (com tinta plástica ou com caneta usada para escrever em transparências) para definir quais são as do lado direito e quais são do lado esquerdo.

Possibilidades de Exploração

- Misturar as peças e pedir às crianças que separem as que são do lado direito e as que são do lado esquerdo. Fazer um jogo, colocando as peças dentro de um saco; cada criança fala o nome de um lado do corpo. (Exemplo: "direito", e depois sorteia uma peça; se for do lado direito ela ganha a peça, se for do outro lado ela não ganha e devolve para o saco.)
- Vence o jogo quem ficar com o maior número de peças.

Atividades Complementares

⋄ Dividir a lousa em duas partes e a classe em dois grupos. Cada lado da lousa pertencerá a um grupo.
⋄ Preencher a lousa com desenhos de contornos de mãos espalmadas em diversas posições (viradas para baixo, para os lados etc.).
⋄ As crianças de cada grupo vão indo à lousa e, de uma vez só, deverão colocar sua mão em cima de um desenho, de forma que a mão coincida com o contorno da posição das mãos.
⋄ Se acertarem, poderão apagar o desenho; se não colocarem sua mão na posição certa, deixarão o desenho na lousa.
⋄ Vencerá o grupo que conseguir apagar todos os desenhos primeiro.

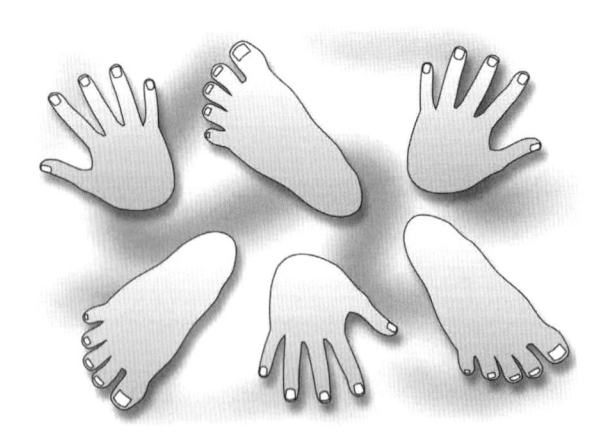

Atividades Gráficas

Desenhar as próprias mãos colocando também as unhas.
Fazer o mesmo com os pés.

Para Reflexão

O ser humano é um projeto a ser construído por ele mesmo, mas o contexto social é que irá influenciar essa construção favorecendo aspectos positivos ou negativos e possibilitando o processo dialético de construção.

Você e o Boneco

Estimula

Noção do esquema corporal.
Conscientização sobre as partes do corpo e suas possibilidades.
Comparações.

Descrição

Boneco feito de arame recoberto com tiras de jornal dobrado e enrolado no arame.

Possibilidades de Exploração

- Dobrar partes do corpo do boneco e tentar reproduzir as posições conseguidas.
- Comparar as posições que o corpo humano pode realizar com as que não são possíveis

Atividades Complementares

- Jogo "Encoste Se for Capaz": Escrever, em 12 pedacinhos de papel, o nome das seguintes partes do corpo: orelha esquerda, orelha direita, pé esquerdo, pé direito, mão esquerda, mão direita, joelho esquerdo, joelho direito, cotovelo esquerdo, cotovelo direito, olho esquerdo e olho direito.
- Dividir a classe em grupos. Cada criança deverá sortear dois papeizinhos e tentar encostar as partes do corpo neles citadas. (Exemplo: cotovelo esquerdo com... joelho direito.)
- Quem conseguir juntar as partes sorteadas ganhará um ponto para o seu grupo, e assim por diante.

Atividades Gráficas

Pedir às crianças que imaginem uma pessoa escondida atrás de uma cortina que irá sendo levantada lentamente, do chão para o alto, deixando aparecer aos poucos o corpo da pessoa.
Desenhar então as partes que aparecem primeiro (os pés) e depois o que aparece em seguida (as pernas), e assim por diante, até completar o desenho da figura humana.

Para Reflexão

A personalidade da criança desenvolve-se graças à conscientização progressiva do seu esquema corporal e das possibilidades de participar do mundo ao seu redor.
Ela percebe os objetos e as pessoas em função de si mesma e, para que se sinta suficientemente segura para agir, precisa confiar nas próprias habilidades para usar o próprio corpo. O esquema corporal é fundamental para que possa existir uma boa estruturação tempo-espacial.

Máscaras

Estimula

Conscientização sobre as partes do rosto. Criatividade.

Descrição

Saco de papel, com furos recortados na altura dos olhos, do nariz e da boca, desenhado e decorado de maneira a imitar um rosto.

Possibilidades de Exploração

- Enfiar o saco de papel na cabeça para descobrir e marcar quais são os lugares onde devem ser feitos os furos.
- Desenhar as partes do rosto no saco e colori-las.
- Colar fios ou tiras de papel para representar o cabelo.
- Fazer uma dramatização usando as máscaras e cobrindo as cabeças.
- Misturar as máscaras e distribuí-las aleatoriamente. Pedir às crianças que adivinhem qual é o colega que está por trás da máscara.

Atividades Complementares

- Com os olhos vendados, apalpar o rosto dos colegas para tentar adivinhar quem são.

Atividades Gráficas

Desenhar o rosto dos colegas prestando atenção para os detalhes que o caracterizam.

Para Reflexão

Através de uma brincadeira de representação, a criança pode expor sentimentos que não manifestaria de outra forma. Quando assume um papel em meio a uma dramatização, é capaz de expressar-se porque, por alguns momentos, não sente o peso da responsabilidade de manter a sua imagem perante os outros visto não ser ela quem está falando, mas o personagem. Escapa assim de seus bloqueios e brinca de representar outra pessoa em outras situações que não as de sua própria vida. Esta "escapada" é relaxante e estimulante ao mesmo tempo, porque alivia tensões e satisfaz o autoconceito da criança, que se sente feliz por ter tido a coragem de fazê-lo. O teatro infantil é uma grande contribuição para o desenvolvimento da sociabilidade e torna-se ainda mais enriquecedor quando oferece oportunidade para que as crianças e os adultos riam juntos. Rir junto é muito saudável e é uma forma de tornar as pessoas mais próximas, pois assim tornamo-nos parceiros de forma agradável e natural.

Retratos

Estimula

Esquema corporal.
Identificação dos conceitos de mais jovem, mais velho.
Estruturação temporal.

Descrição

Retratos (com o rosto em destaque) de revistas colados em tampas de potes grandes de margarina, ocupando todo o espaço central.

Possibilidades de Exploração

- Agrupar livremente os retratos.
- Formar conjuntos por atributos comuns. (Exemplo: conjunto de homens, de mulheres, de pessoas morenas, de pessoas loiras, de pessoas com óculos, com chapéu, sorrindo, sérias etc.)
- Ordenar os retratos das pessoas, indo da mais nova para a mais velha.

Atividades Complementares

- Procurar, e recortar de revistas, figuras de diferentes tipos de pessoas: louras, morenas, índias, gordas, magras etc. Colar na folha de papel, descrevendo suas características, apontando suas diferenças e ressaltando suas semelhanças.
- Escurecer a sala; colocar uma criança de perfil ao lado de uma parede na qual está pendurada uma folha de papel grande ou cartolina branca; usar o projetor de *slide* ou uma lanterna possante para iluminar o perfil da criança que será projetada na parede.

Atividades Gráficas

Desenhar rostos sorrindo, tristes, chorando etc.

Para Reflexão

A educação ministrada na escola não deve concentrar-se na aquisição de conhecimentos, esquecendo-se do ser humano que os está adquirindo. A necessidade de atender um grande número de alunos faz, às vezes, com que os conteúdos curriculares sejam abordados de maneira uniformizada, para o grupo inteiro, o que certamente é uma desconsideração para com as diferenças individuais. Para que a criança possa ter um bom nível de desempenho escolar, precisa ter suas carências afetivas e necessidades básicas relativamente equacionadas. O processo de aprendizagem estará comprometido se a criança estiver triste ou preocupada. Exigir produção quando o estado de ânimo da criança é ruim é perda de tempo, pois iremos diminuir ainda mais o seu autoconceito. Quem não se julga capaz de aprender não aprenderá mesmo, razão pela qual a melhor maneira de estimular o processo de aprendizagem é melhorar o autoconceito da criança.

Boneco

Estimula

Esquema corporal.
Noções das posições do corpo.
Criatividade.
Dramatização.

Descrição

Boneco feito com roupas de criança preenchidas com jornal amassado; nos pés foram utilizadas meias; nas mãos, luvas. Para formar a cabeça foi utilizado um pano dobrado e cortado em forma arredondada; o cabelo e a franja foram feitos de lã costurada na cabeça. As partes do corpo foram costuradas umas nas outras.

Possibilidades de Exploração

- Despir e vestir o boneco.
- Colocar o boneco em diferentes posições, comparando sua postura com a de outras pessoas.
- Fazer movimentos corporais para que a criança os imite, usando o boneco.
- Brincar de faz de conta por meio de dramatizações, nas quais a criança represente situações de sua vida diária.

Atividades Complementares

- Fazer roupas, chapéus, sacolas ou bijuterias para o boneco.
- Construir carrinhos ou camas para o boneco, utilizando caixas de papelão.
- Inventar presentes que o boneco gostaria de ganhar.
- Pedir às crianças que digam quais os conselhos que gostariam de dar ao boneco, se fosse um ser humano.

Atividades Gráficas

Desenhar o boneco em posição: de frente, de costas, deitado e sentado.

Para Reflexão

Os desenhos de figuras humanas que a criança faz fornecem informações sobre a imagem corporal que possuem. Observando-os, podemos verificar quais as partes do corpo que ainda não conscientizou e proporcionar-lhe oportunidades para que as integre ao seu esquema corporal. O uso de diferentes peças de vestuário e sua associação às partes do corpo em que são utilizadas contribuem para que a criança complemente seu esquema corporal. Por essa razão, é importante deixar que ela escolha sua roupa e procure vestir-se sozinha. A falta de uma boa estruturação do esquema corporal pode provocar dificuldades no manejo de dados perceptivos e a configuração de uma estruturação tempo-espacial deficiente, com deslocamentos imprecisos, falta de coordenação e até mesmo dificuldade na relação com o ambiente e com as pessoas que estão à sua volta.

Estruturação Tempo-Espacial

A estruturação do tempo e do espaço acontece de maneira interligada e integrada à formação do esquema corporal. Inicialmente, a criança recebe de si própria as primeiras informações temporais que ainda não sabe analisar, tais como o ritmo cardíaco e respiratório, o ritmo de fala e do gesto etc. Recebe do ambiente informações sobre o tempo externo, tais como a hora de acordar, de comer, de tomar banho, de dormir etc. Através da vivência da rotina diária e da necessidade de se adaptar a ela, vai organizando seus conceitos de tempo e de espaço e percebendo a sucessão contínua dos dias e das noites, das semanas e dos meses.

Os referenciais de tempo e espaço são básicos para a atuação da criança em todos os níveis de seu desempenho e são um alicerce no processo da aprendizagem da leitura, da escrita e do conhecimento matemático.

O desenvolvimento do pensamento matemático e a aquisição de conceitos de posição, sequência, divisão conceitual do tempo, assim como de conceitos de forma, cor e tamanho, dependem das oportunidades de experiências concretas oferecidas às crianças, razão pela qual é tão importante proporcionar-lhes farto manuseio de jogos e materiais.

Ampulheta

Estimula

Orientação temporal.
Noção da passagem do tempo.
Perceber um tempo curto, um tempo longo.
Observação.

Descrição

Duas garrafas iguais, de plástico transparente, cortadas ao meio e unidas pelos gargalos com durex. No meio do gargalo foi colocado um círculo do tamanho da boca das garrafas, com um furo feito com furador, para a areia passar. Uma xícara de areia colorida com álcool e anilina foi jogada em um dos cantos da garrafa. Nas extremidades desta, foram colocadas duas tampas de pote de sorvete. Um retângulo de aproximadamente 8x5 cm foi recortado do plástico que sobrou e utilizado como "colarinho" em torno da boca das garrafas, para evitar que a garrafa de cima caia.

Possibilidades de Exploração

- Virar a ampulheta e observar quanto tempo leva para cair a areia.
- Observar a posição dos ponteiros do relógio e verificar quanto tempo leva para passar toda a areia.
- Contar alto enquanto a areia está passando.
- Contar quantas voltas se pode dar na sala de aula enquanto a areia cai.

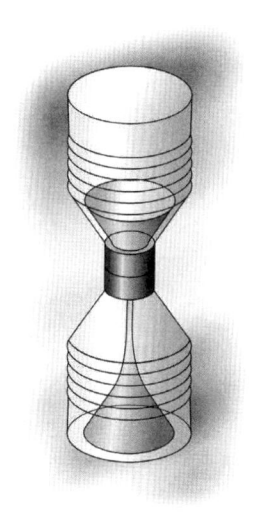

Atividades Complementares

⋄ Cada criança deve inventar uma atividade para executar enquanto a areia estiver caindo, e deve interrompê-la imediatamente quando a areia acabar de cair.
⋄ Fazer então uma avaliação sobre o que conseguiram realizar durante o espaço de tempo em que a areia estava caindo. Virar depois a ampulheta e tentar aumentar a quantidade de coisas realizadas na experiência anterior, executando a atividade com maior rapidez.

Atividades Gráficas

Desenhar uma ampulheta.

Para Reflexão

Tempo e espaço são realidades cujo manejo eficiente pode depender de cons--cientização e de exercício. Para adquirir uma boa estruturação tempo-espacial, a criança precisa vivenciar situações por meio das quais possa ir desenvolvendo sua capacidade de se organizar no tempo e no espaço.

Fósforos

Estimula

Coordenação visomotora fina.
Movimento de pinça.
Orientação espacial.
Manipulação de quantidades.
Concentração da atenção.

Descrição

Caixa com palitos de fósforo. As laterais foram inutilizadas pela colocação de um durex (para evitar a possibilidade de as crianças riscarem os fósforos).

Possibilidades de Exploração

- Retirar os fósforos da caixa e pedir à criança que os guarde, com as cabeças voltadas para o mesmo lado.
- Enfileirar os fósforos na mesa, seguindo determinados critérios. (Exemplo: três voltados para cima e três voltados para baixo.)
- Fazer figuras com os fósforos.
- Fazer formas geométricas com três, quatro, cinco e seis fósforos.
- Construir um quadrado dentro do outro.
- Inventar linhas com desenhos variados e reproduzi-las.
- Sobrepor os fósforos em desenhos diversos.
- Fazer sequência de quantidades.
- Fazer contas com os fósforos.

Atividades Complementares

⋄ Utilizando a "Caixa de Tateio", guardar todos os fósforos dentro da caixinha, sem vê-los, colocando todas as cabeças para o mesmo lado.
⋄ Fazer a figura de uma casa, utilizando somente os fósforos.

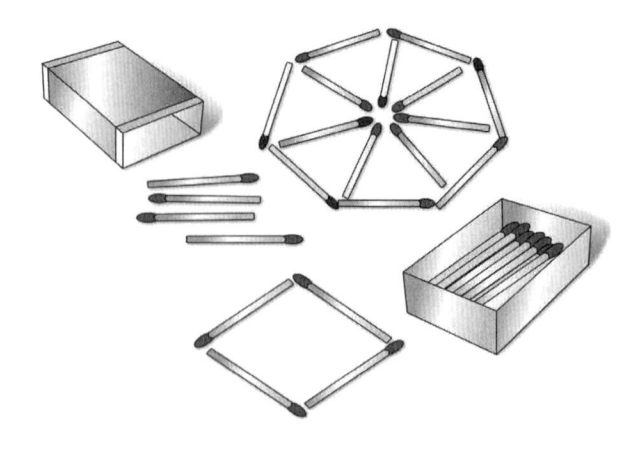

Atividades Gráficas

Reproduzir, através de desenho, figuras formadas com os fósforos. Criar desenhos imaginando figuras criadas com palitos de fósforo. Posteriormente, sobrepor os palitos às figuras para verificar se o tamanho dos fósforos correspondeu ao tamanho imaginado.

Para Reflexão

Os exercícios com palitos de fósforo proporcionam, antes de mais nada, o aperfeiçoamento do movimento de pinça. Uma caixa com palitos de fósforo é um material pedagógico riquíssimo, que pode propiciar atividades de coordenação visomotora fina e de orientação espacial. Para que a atividade seja mais rica, convém usar os fósforos inteiros, ou seja, sem terem sido queimados, para que se possa aproveitar o detalhe representado pela cabeça do fósforo e sua posição dentro das figuras criadas.

Palhacinho

Estimula

Sequenciação.
Organização espacial.
Discriminação visual.
Noção de superposição.

Descrição

Um pote de margarina, recoberto por papel fantasia ou *contact* e cinco tampas de embalagens de sorvete, menores que o pote. No centro das cinco tampas foram colocadas, em sequência, as partes que compõem o rosto de um palhaço.
Essas partes são de papel espelho: cinco círculos (beges) para o rosto; quatro chapéus com formato de triângulo (azuis); seis mechas de cabelo (amarelas); uma gravatinha-borboleta (vermelha); olhos e boca são desenhados com caneta hidrográfica. Na primeira tampa, cola-se apenas o rosto (círculo), e na segunda, o rosto, acrescentando o chapéu; na terceira, o rosto e o chapéu, acrescentando o cabelo (uma mecha de cada lado); na quarta, acrescentam-se a boca e os olhos; na quinta, acrescenta-se a gravata, e o palhaço estará completo.

Possibilidades de Exploração

- Sequenciar a figura pela ordem de sua composição.
- Identificar "o que vem antes" e "o que vem depois".
- Organizar a sequência partindo de sua última peça, ou seja, de trás para a frente.

Atividades Complementares

- Descrever a posição que os objetos e as pessoas têm em relação uns aos outros. (Exemplo: alguém diz "Paulo...", e o outro responde: "Está ATRÁS da Maria, NA FRENTE do José, AO LADO do Carlos, ENTRE o Carlos e a Dora, EM CIMA da carteira, ABAIXO do teto".) Cada criança poderá descrever a localização de um objeto ou de uma pessoa.
- Dizer o nome de um colega que está LONGE, dizer quem está MAIS PERTO.
- Empilhar as mãos das crianças e perguntar de quem é a mão que está EMBAIXO de todas, qual a mão que está EM CIMA da mão de determinada pessoa, e assim por diante.

Atividades Gráficas

Desenhar uma planta em quatro fases diferentes de crescimento, desde a semente brotando até a árvore formada.

Para Reflexão

É importante proporcionar oportunidades para as crianças vivenciarem conceitos de tempo e de espaço, como ANTES e DEPOIS. Certas dificuldades, por exemplo, a capacidade para ordenar palavras para formar uma frase, são causadas pela falta de uma boa estruturação tempo-espacial.

Construindo o Calendário

Estimula

Noção de divisão conceitual de tempo.
Organização temporal.
Atenção e concentração.
Organização espacial.
Fixação da sequência numérica.

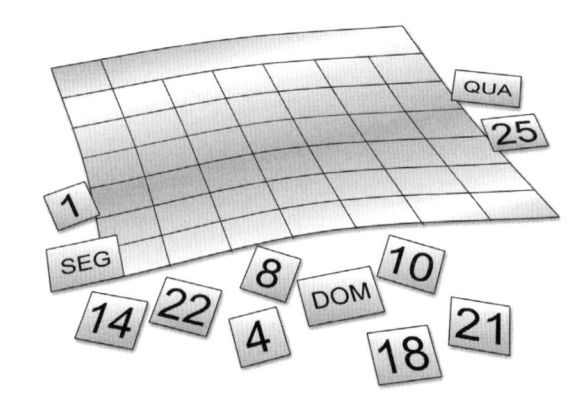

• Vence quem terminar primeiro seus números.

Descrição

Quadrado de cartolina quadriculada com 35 quadrados (7x5 cm) e com espaços designados para serem colocadas cartelinhas com o nome dos meses, do ano, dos dias e das semanas. Essas cartelinhas foram recortadas de calendários.

Possibilidades de Exploração

• Entregar uma cartela para cada criança e os cartões com as indicações dos meses, dos dias da semana e mais os números dos dias do mês.
• Sugerir que montem o mês em curso, partindo da organização dos dias da semana.
• A montagem do calendário do mês poderá também ser coletiva.
• Sortear um número e colocar no lugar correspondente na cartela do calendário.
• Jogar como "Jogo de Loto": distribuir os números entre os participantes, e cada um, à sua vez, deverá sortear um dia da semana para depois colocar o número relativo àquele dia.
• Se o número não corresponder ao dia da semana, o jogador perde a vez.

Atividades Complementares

⋄ Dizer em que dia da semana será o último dia do mês, caso o dia primeiro tenha sido uma segunda-feira.
⋄ Enumerar todos os dias que foram quintas-feiras no mês corrente.
⋄ Dizer quais os domingos do mês corrente.
⋄ Enumerar os meses que têm 31 dias.

Atividades Gráficas

Desenhar uma folha do calendário e escrever os números, colocando-os na mesma posição do mês em curso.

Para Reflexão

A montagem do calendário ajuda a criança a entender a representação gráfica das semanas e dos meses. A sequência temporal fica bem internalizada quando ela consegue montar seu calendário.

Que Horas São?

Estimula

Estruturação tempo-espacial.
Atenção.
Aquisição da noção de hora e minuto.
Contagem e reconhecimento de números até 60.

Descrição

Um prato de papelão de *pizza*, com os números de 1 a 12 retirados de um calendário. Dois palitos de sorvete furados na ponta, passando um elástico tanto pelo furo quanto pelo centro do prato, para fixar os ponteiros. Nos ponteiros foram colocadas duas ponteiras, de maneira que um fique maior e o outro menor.

Possibilidades de Exploração

- Reconhecer números até 12. Ordenar números até 12 (o que vem antes, depois, o que está entre, completar).
- Identificar a metade do mostrador do relógio. Identificar os ponteiros grande e pequeno.
- Identificar o movimento do ponteiro grande e do ponteiro pequeno.
- Identificar espaço/hora.
- Ler no relógio as 12 horas. Identificar as meias horas. Ler no relógio as meias horas.
- Reconhecer números até 60.
- Localizar minutos determinados no relógio.
- Assinalar os que representam as meias horas.
- Ler horas e minutos assinalados no relógio.
- Ler os minutos que faltam para determinada hora.
- Assinalar cada 5 minutos no relógio.
- Nomear os minutos, de 5 em 5, indicando o lugar.

Atividades Complementares

⋄ Marcar no relógio confeccionado (ou desenhado) uma determinada hora para alguma atividade; por exemplo, a hora do recreio. Observar quando os ponteiros do relógio de verdade alcançam a mesma posição marcada no relógio confeccionado (ou desenhado).

Atividades Gráficas

Desenhar um relógio e escrever os números olhando no modelo.
Fazer a mesma coisa sem modelo.

Para Reflexão

A montagem de um relógio analógico facilita a compreensão da divisão do tempo. Realizar atividades controlando as horas e os minutos faz com que as crianças percebam melhor o espaço que o tempo tem e adquiram maior controle sobre as possibilidades de utilização do tempo necessário para realizar uma atividade.

Jogo das Horas

Estimula

Concentração da atenção.
Noção de hora e meia hora.
Leitura.
Leitura das horas.

Descrição

Vinte tampas de potes de margarina com mostradores de relógio feitos em cartolina do mesmo tamanho.
Cada relógio marca uma hora ou meia hora diferente.
Vinte cartelas com as mesmas horas escritas, para serem sorteadas e lidas pelos participantes do jogo.

Possibilidades de Exploração

- Distribuir entre os jogadores os relógios com as horas marcadas. As cartelas ficam empilhadas, voltadas para baixo, no centro da mesa. Cada um, à sua vez, deverá sortear uma cartela e verificar se a hora que está escrita corresponde a algum dos seus relógios. Se acertar, a criança coloca a cartela embaixo do relógio; se não acertar, devolve a cartela colocando-a no meio da pilha.
- Vence quem conseguir completar todos os seus relógios.

Atividades Complementares

- Pedir às crianças que digam alguma coisa que fizeram antes de... e alguma coisa que fizeram depois de...
- Organizar uma sequência com os relógios, partindo da hora atual.
- Fazer uma sequência com os relógios, partindo da hora atual, depois a hora que veio antes daquela, e assim por diante.

Atividades Gráficas

Desenhar 10 relógios e colocar os ponteiros marcando as horas que forem ditadas pela professora. Comparar as folhas com as dos colegas para verificar se acertaram.

Para Reflexão

Algumas crianças demoram para aprender a ler as horas por falta de oportunidade para vivenciar concretamente o significado da posição dos ponteiros no relógio. Os jogos que lidam com leitura das horas podem também ser associados ao que acontece na vida cotidiana em cada horário, comparando seus horários com os dos colegas.

Modelos com Fósforos

Estimula

Pensamento.
Orientação espacial.
Discriminação visual.
Atenção e concentração.
Reprodução de modelos.

Descrição

Papel-cartão recortado em cartelas, do tamanho de meia folha de papel-ofício. Palitos de fósforo colados formando desenhos, fazendo modelos diferentes em cada cartela e deixando sempre espaço livre para que a criança possa fazer a reprodução.

Possibilidades de Exploração

- Reproduzir os modelos com palitos, observando a posição da cabeça dos palitos dentro da figura.

Atividades Complementares

- Criar modelos colando palitos no papel.

Atividades Gráficas

Partindo da observação dos modelos criados com fósforos, desenhar modelos iguais, salientando a localização da cabeça do fósforo.

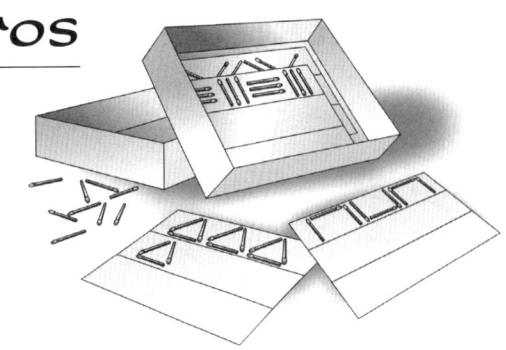

Para Reflexão

As crianças devem ficar satisfeitas com suas próprias realizações e não fazer as coisas só para agradar ao professor. Se os adultos souberem conduzir o processo de aprendizagem da criança, a recompensa será a sensação de mérito próprio e de independência por parte da criança, o que é um sinal seguro de crescimento socioafetivo. Brincando, a criança exercita suas potencialidades e se desenvolve. O desafio, contido nas situações lúdicas, provoca o pensamento e leva a criança a alcançar níveis de desempenho que só as ações por motivação intrínseca conseguem. Só há uma maneira de preparar as crianças para enfrentarem o futuro: é torná-las bastante criativas para que possam encontrar as melhores opções e solucionar as dificuldades que surgirem. Talvez o aspecto mais importante de todo aprendizado alcançado por meio do brincar seja, exatamente, o fato de que os enganos cometidos não são considerados erros, mas etapas do processo de descoberta. A exigência de determinados resultados pode transformar uma atividade agradável em tarefa desagradável. Se a criança puder experimentar atividades livremente, sem medo de errar, terá maior chance de acertar e maior motivação para continuar. A oportunidade de escolher favorece o desenvolvimento da autonomia e estimula o senso de responsabilidade.

Dominó dos Relógios

Estimula

Estruturação tempo-espacial.
Noção de hora e meia hora.

Descrição

Vinte e oito dominós feitos de papel-cartão, nos quais foram desenhados de um lado relógios marcando horas e do outro as horas escritas em números.

Possibilidades de Exploração

- Jogar como dominó, associando os mostradores dos relógios às horas descritas.
- Considerando somente o lado dos dominós que apresentam mostradores, fazer uma sequência horária ordenando os mostradores de acordo com a sequência das horas.
- Fazer a mesma coisa, ordenando o lado dos dominós que apresentam as horas escritas.

Atividades Complementares

- Desenhar círculos coloridos no chão (ou então fazê-los em papel). Alguém dá um comando para a "viagem", que deverá ser memorizada e executada. (Exemplo: verde, amarelo, azul, vermelho. A criança deverá correr e passar pelos círculos na sequência sugerida.) Terminado o percurso, quem fez a "viagem" propõe outra sequência para ser memorizada e executada por outro colega.

Atividades Gráficas

Sortear alguns dominós, desenhá-los reproduzindo os relógios e as horas marcadas e escrever, ao lado, as horas correspondentes.

Para Reflexão

Os conceitos temporais são muito abstratos e ao mesmo tempo bastante relativos, portanto, difíceis de serem assimilados pelas crianças e... até mesmo por alguns adultos. O que é meia hora? O tempo passa depressa ou devagar, de acordo com o envolvimento emocional que tivermos com o que estiver acontecendo: se houver prazer na atividade, passará rapidamente; se for, por exemplo, uma espera ansiosa, levará "uma eternidade". A ordem cronológica dos acontecimentos e a divisão conceitual do tempo em horas, dias, semanas, meses e anos são aquisições que a criança deverá fazer e para as quais o adulto pode colaborar bastante. Na história narrada por uma criança de 4 anos, poderemos encontrar acontecimentos e personagens de um passado remoto misturados a fatos atuais e a situações futuras, sem uma ordem cronológica que dê sentido à narração, porque os conceitos de tempo e de espaço ainda não foram assimilados.

Ritmos e Sons

Estimula

Estruturação tempo-espacial.
Noção de ritmo.
Discriminação auditiva.

Descrição

Cinco latas de refrigerante cortadas em alturas diferentes e presas umas às outras com fita-crepe; um lápis.

Possibilidades de Exploração

- Tocar as latas com o lápis, explorando sua sonoridade.
- Verificar de onde provêm o som mais agudo e o mais baixo.
- Inventar "batucadas" diferentes.
- Acompanhar músicas batendo com o lápis nas latinhas.
- Fazer uma "conversa" através do som das latas: uma criança produz uma sequência de sons e a outra a repete.

Atividades Complementares

- Bater com o lápis em diferentes superfícies para pesquisar os sons provenientes das batidas.
- Criar estruturas rítmicas, utilizando os novos sons descobertos.
- Bater palmas, fornecendo modelos a serem repetidos pelas crianças. (Exemplo: palmas, palmas, pausa, palmas, palmas, palmas, pausa, e assim por diante.)
- Marchar acompanhando ritmos mais lentos e mais rápidos.

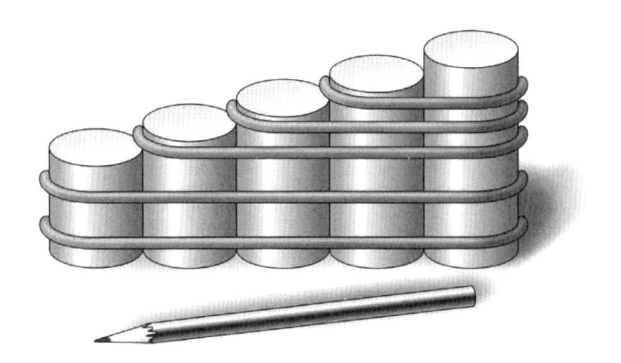

Atividades Gráficas

Representar graficamente uma sequência rítmica, fazendo um traço vertical para cada batida e um traço horizontal para cada intervalo, estendendo o traço vertical enquanto durar a pausa. (Exemplo: II-II-, ou III-.)

Para Reflexão

A percepção de um ritmo não depende apenas de informações auditivas, mas também de um processo interior que é passível de ser educado. Uma atividade bem produtiva para desenvolver esta habilidade é propor que as crianças acompanhem ritmos propostos. Variando as estruturas rítmicas, começando com estruturas bem simples e, depois que elas forem corretamente reproduzidas, ir aumentando a variação das propostas. Depois de algum tempo, as crianças poderão descobrir sozinhas qual o tipo de ritmo de determinadas músicas e acompanhá-las.

Olhe Aqui, Veja de Lá

Estimula

Discriminação visual.
Noção de relação espacial.
Atenção.
Pensamento.

Descrição

Caminhão feito com caixa de sapatos, seis caixas de pasta dental, seis tampas de plástico e três canudos de papelão.

Possibilidades de Exploração

♦ Colocar um caminhão no chão e pedir a um dos alunos que descreva a posição do caminhão, dizendo onde está, em que direção está indo, o que tem à direita, à esquerda, na frente, atrás, em cima e embaixo. Depois, mudar sua posição e pedir à outra criança que a descreva.

Atividades Complementares

❖ Pedir às crianças que construam o caminhão usando tesoura, cola e os materiais acima descritos.
❖ Colocar o caminhão em diferentes posições e pedir aos alunos que digam para onde ele se dirige.

Atividades Gráficas

Desenhar o caminhão como se ele estivesse vindo em sua direção; desenhá-lo como se estivesse passando à sua frente e desenhá-lo visto de costas. Finalmente, desenhá-lo como se estivesse sendo visto do alto de um helicóptero.

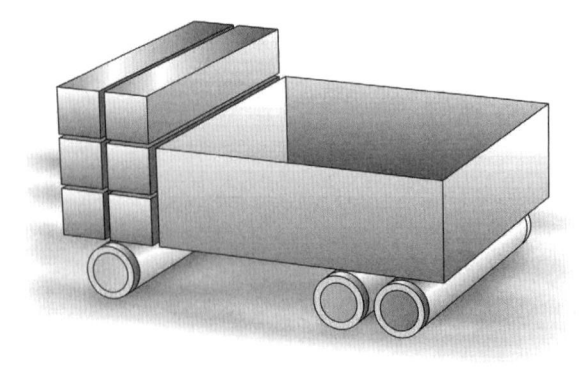

Para Reflexão

É importante proporcionar às crianças oportunidades para descobrirem que o mesmo objeto pode ser visto de formas diferentes, dependendo da posição em que o observador está em relação a ele. À esquerda, à direita, à frente e de costas são visões diferentes, dependendo da colocação do observador em relação ao objeto observado. Essa descoberta não somente estimulará o desenvolvimento do pensamento em nível espacial, mas também poderá servir de base para um debate ou reflexão com o objetivo de conscientizar as crianças de que o mesmo fato pode ser visto de "pontos de vista" diferentes. Analisando um acontecimento, podem-se levantar diferentes enfoques sobre as razões que o provocaram; será interessante fazer, também, o levantamento das condições que podem interferir para que existam diferentes tipos de reações.

Pensamento

A capacidade de pensar depende de estimulação para se desenvolver. Quando a criança tem, desde pequenina, alguém que interaja com ela de forma nutritiva, ou seja, que alimente o seu potencial e desafie sua inteligência, certamente terá maiores possibilidades de acostumar-se a usar o pensamento. Mas, se não tiver ninguém que a escute, se apenas receber ordens e não tiver oportunidade de brincar livremente e de fazer opções, poderá desistir e se acomodar. A inteligência desenvolve-se quando o pensamento é solicitado a funcionar em seu mais alto nível e quando é desafiado por situações que exigem busca de soluções.

Para ajudar as crianças a adquirirem o hábito de pensar, de analisar e de buscar alternativas, a escola precisa oferecer atividades bem dinâmicas, baseadas em perguntas e situações muito criativas. Os jogos e as brincadeiras evitam acomodação porque exigem que as crianças pensem e se esforcem para encontrar as melhores opções. É bem mais simples ensinar do que ajudar a criança a se desenvolver, mas a aquisição de informações não desenvolve a inteligência e, portanto, não garante que em uma situação nova a criança possa encontrar a solução mais adequada. É preciso cultivar o hábito de pensar; essa talvez seja a tarefa mais importante a ser desempenhada pelos educadores junto com as crianças.

Coleção de Figuras

Estimula

Pensamento.
Enriquecimento de vocabulário.
Criatividade.
Análise e comparação.
Classificação e generalização.
Concentração da atenção.

Descrição

Coleção de figuras recortadas de revistas, coladas em fichas de cartolina e plastificadas contendo: móveis (mesa, cadeira, cama, armário, geladeira, fogão); frutas (abacaxi, laranja, banana, pera, maçã, uvas); utensílios domésticos (prato, garfo, faca, colher, copo, panela); animais (gato, cachorro, passarinho, cavalo, pato, vaca); verduras (alface, cenoura, batata, cebola, tomate); alimentos (sorvete, bala, pão, carne, ovo, leite); vestuário (chapéu, sapato, vestido, calça, meia, camisa); transportes (carroça, caminhão, carro, avião, navio, barco); menino (de frente, de lado, outro lado, de costas); setas (para cima, para baixo, para um lado, para o outro).

Possibilidades de Exploração

- Sortear uma figura e descrevê-la dizendo cinco coisas sobre ela.
- Sortear uma figura e dizer qual é a última sílaba da palavra representada.
- Encontrar figuras de palavras que comecem com CA.
- Quantas figuras de palavras que comecem com A?
- Quantas figuras de palavras que comecem com...?
- Sortear duas figuras e formar uma frase com elas.
- Sortear uma figura e dizer onde se pode encontrar aquele objeto.
- Sortear uma figura e dizer quando utilizamos o objeto nela representado.
- Sortear uma figura e dizer quem utiliza o objeto representado.
- Sortear uma figura e dizer para que serve o objeto representado.
- Sortear três figuras e inventar uma história com elas.
- Sortear uma figura e dizer cinco coisas que ela não é.
- Separar as figuras voltadas para o lado esquerdo e as voltadas para o lado direito.
- Sortear duas figuras e dizer duas semelhanças e duas diferenças entre elas.
- Organizar uma sequência de figuras por tamanho, considerando o tamanho que possuam na realidade.
- Fazer um "ditado de figuras" descrevendo seus detalhes para que as crianças as encontrem.
- Jogar como dominó, distribuindo as figuras entre os participantes e pondo uma figura na mesa. Cada jogador deverá colocar na sequência uma figura que tenha uma

(...)

semelhança com a anterior e explicá-la. (Exemplo: "também é animal" ou "começa com a mesma letra", e assim por diante.)

- Dividir os participantes em dois grupos e distribuir as figuras entre eles. Cada grupo pede ao outro que apresente uma figura com uma determinada característica semelhante. O grupo que não a tiver perde ponto, quem tiver ganha ponto. Ao final do jogo faz-se a contagem para ver quem é o vencedor.
- Espalhar todas as figuras, misturando-as; pedir às crianças que encontrem três figuras que representem a mesma classe. (Exemplo: três animais, ou três peças de vestuário etc.)
- Dividir as crianças em grupos; cada grupo organizará as figuras segundo um determinado critério. (Exemplo: um animal, um alimento e assim por diante.) O outro grupo terá de descobrir qual é o segredo que foi utilizado para a organização das figuras.

Para Reflexão

Sempre que possível, devemos encorajar as crianças a fazerem projetos juntas. O intercâmbio de ideias ajuda as crianças a perceberem que a comunicação depende não só de se falar e de se fazer entender, mas também de compreender o que os outros dizem. Pensando juntas, irão ter mais entusiasmo e poderão encontrar soluções mais facilmente. Partilhar projetos é uma forma muito rica de desenvolver a sociabilidade.

Atividades Complementares

⋄ A professora deverá dizer frases curtas, como "O menino está alegre", e desenhar na lousa traços que representem suas partes. Depois perguntará, apontando para um dos traços, qual a palavra que ficaria ali.

Atividades Gráficas

Copiar o desenho da figura escolhida.

Quebra-Cabeça

Estimula

Pensamento lógico.
Composição e decomposição de figuras.
Discriminação visual.
Atenção e concentração.

Descrição

Caixas de fósforos em quantidade suficiente para cobrir as figuras que são coladas uma em cada lado do conjunto de caixas.
A figura é cortada com gilete no espaço entre as caixas.
Ao redor do desenho, um durex colorido forma a moldura do quebra-cabeça.
A parte lateral das caixinhas foi fechada com durex colorido.

Possibilidades de Exploração

♦ Desmontar e montar o jogo, compondo o desenho como um quebra-cabeça.
♦ Caso a atividade seja difícil para a criança, faça inicialmente a moldura e peça para completar a figura.

Atividades Complementares

✧ Escolher figuras, colá-las em cartolina e recortá-las para fazer o quebra-cabeça.

Atividades Gráficas

Desenhar e colorir uma figura, depois recortá-la para tornar a compô-la.

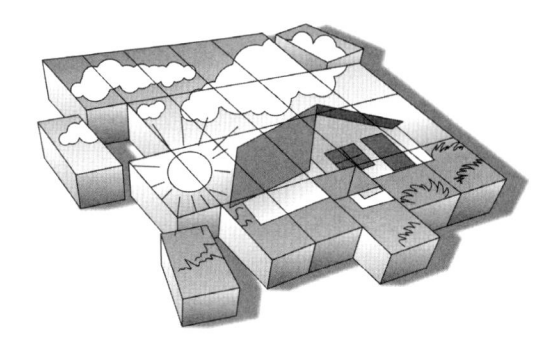

Para Reflexão

Os quebra-cabeças são um tipo de brinquedo que desafia a inteligência das crianças. O interesse que eles despertam está diretamente ligado à figura que representam (e esta pode ser atrativa ou não) e ao grau de dificuldade que eles apresentam: se forem fáceis demais, não constituirão desafio, mas, também se forem difíceis demais, provocarão desistência em vez de motivação. Vários aspectos são importantes na determinação do grau de dificuldade de um quebra-cabeça: o número de peças, as pistas que a figura oferece, através de seu colorido e do tipo de recorte das peças. As peças de corte reto tornam o quebra-cabeça mais difícil, pois os recortes curvos já sugerem a forma da peça a ser encaixada. Quando um quebra-cabeça é muito difícil para a criança, podemos facilitar a tarefa retirando apenas algumas peças para que a criança as recoloque. Posteriormente, quando ela já conseguir encaixar facilmente as poucas peças, iremos aumentando o número de peças retiradas. Para facilitar e enriquecer a utilização do quebra-cabeça, quando ele é montado em cima de uma prancha pode-se riscar no fundo dela a forma de cada peça e numerar as peças atribuindo-lhes o mesmo número de sua localização na prancha.

Caixa de Classificação

Estimula

Pensamento.
Classificação.
Discriminação visual.
Coordenação visomotora.
Reconhecimento de objetos iguais.
Atenção e concentração.

Descrição

Uma caixa virada de cabeça para baixo, com seis orifícios do tamanho correspondente ao dos potes de iogurte. Seis tipos diferentes de tampinhas ou outros materiais pequenos, como carretéis, botões, toquinhos de lápis etc. A caixa foi forrada com papel fantasia.

Possibilidades de Exploração

- Misturar todos os objetos e pedir à criança que os classifique, colocando cada tipo em um lugar na caixa.
- Colocar uma peça em cada pote e pedir à criança que deixe todos os potes com 6 peças.
- Com os potes contendo 6 peças, retirar objetos para que o primeiro fique com uma, o segundo com duas, o terceiro com três, e assim por diante.
- Colocar alguns objetos nos potes e pedir às crianças que deixem todos os potes com a mesma quantidade.
- Dar doze pequenos objetos (palitos, fósforos, tampas de garrafas plásticas etc.) e pedir que sejam distribuídos igualmente nos potes, sem deixar nenhum de fora.
- Dar à criança 30 pecinhas e pedir que as distribua igualmente entre os potes.

Atividades Complementares

⋄ Dividir as crianças em grupos e fazer um campeonato para ver qual o grupo que consegue dizer maior número de frutas, animais, flores, meios de transporte etc.

Atividades Gráficas

Desenhar a "Caixa de Classificação".

Para Reflexão

As crianças em idade pré-escolar fazem avaliações que nem sempre são corretas, de acordo com os padrões dos adultos; entretanto, é preciso aceitá-las, porque é inútil e frustrante, para as crianças que ainda estão no período pré-escolar, que a sua lógica seja "corrigida" pela lógica do adulto. Pelo fato de ainda não terem alcançado suficiente nível de desenvolvimento de pensamento, precisam de oportunidades para exercitarem as capacidades numéricas que ainda estão emergindo. As atividades que envolvem manipulação de quantidades são essenciais para que a criança adquira um conceito correto de número.

Jogo da Memória com Tampas

Estimula

Pensamento.
Memorização.
Identificação de figuras.
Estabelecimento do conceito de igual e diferente.
Orientação espacial.

Descrição

Trinta tampas de potes iguais com figuras coladas no interior de cada tampa. As figuras foram retiradas de revistas iguais e foram recortadas figuras de forma igual, duas a duas, formando pares.

Possibilidades de Exploração

- Dispor todas as tampas arrumadas em cima da mesa (ou no chão), com as figuras voltadas para baixo.
- Cada jogador deverá ir virando duas tampinhas de cada vez para ver se consegue formar um par de figuras iguais.
- Quem não conseguir, deixa as tampas exatamente como estavam.
- Quem formar o par ganha as tampas.

Atividades Complementares

- Desenhar 8 quadrados na lousa. Fazer uma cruz num canto de um dos quadrados. Mostrar às crianças e em seguida apagar o que fez. Pedir às crianças que mostrem exatamente onde havia sido feita a cruz.

Atividades Gráficas

Fazer um quadriculado com 8 quadrados e ir marcando os lugares onde foi feito (e apagado) o sinal na lousa. Conferir com o dos colegas.

Para Reflexão

Pensamento e inteligência são sinônimos, pois o pensamento representa o uso ativo da inteligência. A fonte da inteligência é a experiência, que provoca o funcionamento do pensamento em seu nível mais alto. A teoria de Piaget afirma que o desenvolvimento global da inteligência é a base sobre a qual repousa todo aprendizado. A aprendizagem só acontece se a criança tiver mecanismos por meio dos quais possa relacionar as informações. Todas as características da inteligência humana vêm à tona através do processo de desenvolvimento. O aprendizado refere-se à aquisição de habilidades e à memorização de informações específicas.

O Que É, O Que É?

Estimula

Pensamento lógico.
Classificação.
Imaginação e criatividade.
Conceituação pelas características essenciais do objeto.

Descrição

Recortes de revistas com figuras de animais, objetos e alimentos, colados em pedaços de cartolina do tamanho de um envelope. Cada figura é colocada dentro de um envelope, no qual, por fora, estão escritas três qualidades que a figura não tem.

Possibilidades de Exploração

• Adivinhar qual a figura que está dentro de um envelope fechado; as crianças poderão fazer as perguntas que quiserem. Será melhor dividir a classe em grupos: a cada pergunta o grupo perde um ponto. Quem adivinhar com menor número de perguntas ganha o jogo. Os participantes de um grupo poderão ver a figura e descrevê-la pelos atributos que não possui, ou seja, dizendo tudo o que ela não é. [Exemplo: (para a figura de um relógio) não é um bicho; não serve para sentar; não é para comer etc.] Pedir às crianças que adivinhem qual a figura, dizendo apenas qual é a primeira letra da palavra. Mostrar só uma pequena parte da figura e aguardar os "palpites" das crianças; se não acertarem, mostrar mais um pedacinho e assim por diante, lembrando sempre que a cada resposta errada o grupo perde um ponto.

Atividades Complementares

◊ Dividir a classe em dois grupos e fazer o mesmo tipo de jogo, porém, escondendo um objeto. O grupo que esconde o objeto deve dizer três coisas que o objeto escondido não é, e o grupo que vai tentar adivinhar o objeto poderá fazer dez perguntas ao final das quais, senão tiver adivinhado qual a peça escondida, deixará de ganhar um ponto.

Atividade Gráfica

Desenhar cinco coisas que possam caber dentro de um envelope.

Para Reflexão

Pedir à criança que diga o que uma determinada peça *não é* levá-la a pensar inicialmente o que ela é para depois poder dizer o que ela não é. Este é um exercício que requer análise de categorias e desenvolve o pensamento lógico. Atividades que fazem pensar são muito necessárias pois, cada vez mais, parece não haver tempo para levá-las a isso.

Por Onde a Bolinha Vai Sair?

Estimula

Pensamento antecipatório.
Noção de direção.
Destreza.

Descrição

Caixa de papelão, onde foram feitos furos por onde passam canudos que atravessam a caixa de um lado ao outro.
Bolinhas de gude para escorregarem pelos canudos.

Possibilidades de Exploração

- Colocar as bolinhas e deduzir por onde elas vão sair.
- Dar uma bolinha para cada criança. Pedir que corram ao redor da caixa e, a um sinal dado, coloquem sua bolinha num dos canudos e corram para pegá-la na saída.
- Vence quem recolher sua bolinha mais rapidamente.

Atividades Complementares

- Dividir a classe em grupos de três alunos. Pedir a cada grupo, por sua vez, que vá à frente da classe. Cada criança deve assumir uma posição de quem está fazendo alguma coisa e depois descrever onde está e o que está fazendo. (Exemplo: "Eu estou de costas para a lousa"; "Eu estou de frente para a classe"; "Eu estou com as mãos na cabeça"; "Eu estou me penteando"; "Eu estou usando uma blusa branca" etc.)

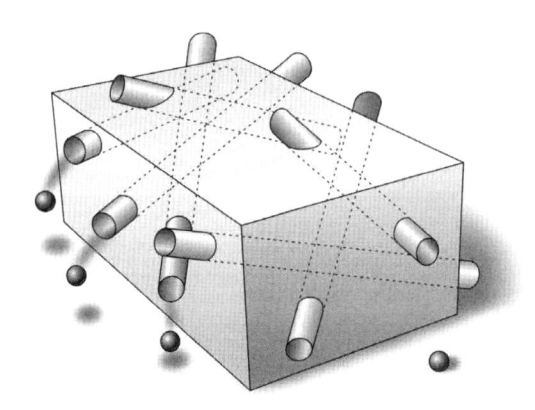

Atividades Gráficas

Unir os quatro cantos da folha de papel traçando linhas retas em forma de X.
Em seguida preencher a folha fazendo mais traços inclinados que acompanhem as linhas do X.

Para Reflexão

A interação grupal é muito enriquecedora e ajuda as crianças a se conhecerem melhor e a fazerem novas amizades. Mas é preciso variar os elementos dentro do grupo constantemente; se não tivermos esse cuidado, os grupos poderão virar times ou gangues, o que seria desastroso. Variando os elementos dentro dos grupos, estaremos dando oportunidade para que as crianças se conheçam melhor e façam novas amizades, ao passo que, se forem sempre as mesmas, terão tendência a se fecharem como grupo. Muitas vezes, para fazer amigos, basta haver uma boa oportunidade.

Canudinhos Mágicos

Estimula

Criatividade.
Conceito de forma.
Noção de medida linear.
Reprodução de modelos.
Coordenação bimanual.
Noção de tamanho.

Descrição

Canudinhos de plástico.

Possibilidades de Exploração

- Encaixar as bordas de um canudinho no outro, formando uma grande haste.
- Criar figuras diversas, dobrando ou juntando os canudos.
- Formar figuras geométricas de diferentes tamanhos.
- Construir uma haste numa medida preestabelecida.
- Ordenar figuras geométricas por tamanho.

Atividades Complementares

- Cortar os canudinhos de forma a fazer uma sequência de dez tamanhos diferentes.
- Selecionar 10 canudinhos e cortá-los em duas, três, quatro, cinco, seis, sete, oito, nove e dez partes. Ordenar, em relação ao primeiro (que representa um inteiro), formando uma sequência por número de partes.
- Compor o tamanho de um canudinho inteiro utilizando pedaços que representam diferentes tamanhos, descobrindo assim de quantas maneiras podemos decompor ou compor a quantidade 10.
- Fazer continhas com as quantidades representadas pelo tamanho dos canudinhos e escrever a conta usando os números correspondentes às quantidades.

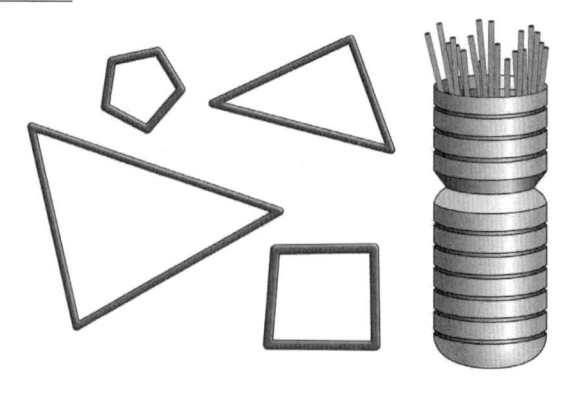

Atividades Gráficas

Desenhar as formas geométricas criadas com canudinhos.
Desenhar outras formas e sobrepor canudinhos para reproduzir os modelos.

Para Reflexão

Quanto mais simples for o material que oferecemos às crianças, maior liberdade para criar elas terão e maior potencial de criatividade será empregado. Podemos dar algumas sugestões se a criança pedir, mas a imaginação dela irá criar novas formas. À medida que vai confeccionando, vai experimentando situações-problema e buscando soluções e, neste processo, certamente estará desenvolvendo sua inteligência.

O Que Será?

Estimula

Pensamento lógico.
Dedução.
Reconhecimento do todo através de uma parte.
Atenção/observação.
Nomeação.
Discriminação visual.

Descrição

Folhas de papel (16x16 cm), dobradas ao meio. Na parte interna é colocada uma figura recortada de revista. Na parte dobrada externa da folha é feito um outro recorte (ou dobra), a fim de eliminar uma parte e deixar aparecer uma parte significativa da figura colada dentro.

Possibilidades de Exploração

♦ Adivinhar qual a figura, observando apenas uma parte dela.

Observação: para facilitar, pode-se inicialmente mostrar toda a coleção à criança para que ela possa reconhecê-la posteriormente.

Atividades Complementares

◇ As crianças são separadas em dois grupos. As do grupo A fazem uma mímica (falar ao telefone, fritar ovos, nadar, pular corda, dançar quadrilha etc.) descrita num pedaço de papel pela professora. As do grupo B devem descrever verbalmente o que significa a mímica do adversário. Vence o grupo que acertar mais.

Atividades Gráficas

Cada criança desenha uma parte de uma figura e passa a folha para um colega, que deverá deduzir qual é a figura e completar o desenho.

Para Reflexão

Quando o ambiente da escola é estimulante, faz surgir interesses que irão gerar energia para que sejam perseguidos. As brincadeiras de "adivinhar" são muito estimulantes porque constituem um desafio explícito. Se forem bem conduzidas, levarão as crianças a descobrirem que poderão alcançar melhores resultados se fizerem perguntas mais objetivas. Isso pode ser feito também limitando-se o número de perguntas que cada criança ou grupo pode fazer para chegar à resposta correta. Assim, ela acabará descobrindo que, se, em vez de começar a fazer perguntas sobre detalhes, ou seja, categorias e características de subclasses, ela começar pelas grandes classes, certamente eliminará boa parte das perguntas. (Exemplo: perguntar se a resposta a ser adivinhada é feminina ou masculina, o que já eliminaria 50% das opções.) A tensão criada pela possibilidade de os outros adivinharem mais rapidamente tanto pode acelerar o ritmo do pensamento como pode inibi-lo, razão pela qual a interferência do professor deve ser cuidadosa.

Jogo de Associação

Estimula

Pensamento.
Associação de ideias.
Linguagem verbal.
Criatividade.
Atenção e concentração.
Percepção visual.

Descrição

Vinte tampas de margarina com figuras coladas. As tampas são guardadas em uma embalagem feita de garrafa plástica.

Possibilidades de Exploração

- Distribuir igualmente as peças entre os participantes e jogar como dominó.
- Colocar uma figura no centro da mesa.
- Cada participante coloca uma peça dizendo qual a associação que fez com a figura anterior. (Exemplo: as duas figuras representam coisas de comer, ou, então, as duas figuras têm a mesma cor etc.)
- O próximo jogador faz a mesma coisa.
- Quem não disser nada perde a vez de jogar; quem terminar as peças primeiro vence o jogo.

Atividades Complementares

✧ Pedir aos alunos que digam uma diferença existente entre:
Um gato e um cachorro.
Uma banana e uma maçã.
Uma cadeira e uma mesa.
Um carro e um avião.
Um caminhão e um navio.
Um lápis e uma borracha.
Uma árvore e uma flor.
Uma boneca e uma menina etc.

Atividades Gráficas

Desenhar duas coisas que sejam semelhantes em um aspecto e diferentes no outro.

Para Reflexão

Sendo a linguagem um sistema de símbolos, ela deve ser sempre associada à experiência direta. O vocabulário e os conceitos devem ser introduzidos sempre através de atividades concretas, desenvolvidas pelas crianças, para que tenham significado real.

Casa de Bonecas

Estimula

Pensamento.
Criatividade.
Representação.
Dramatização com bonecas.
Nomeação de objetos.
Brincadeira de "faz de conta".

Descrição

Três caixas de papelão, forradas com papel ou tecido, unidas, formando uma casinha. O telhado foi feito com uma caixa desmanchada e as grades do terraço, com palitos de sorvete.

Possibilidades de Exploração

- Colocar mobília e brincar de casinha.
- Fazer cortinas, janelas, vidraças.

Atividades Complementares

- Classificar os objetos da casinha por alguma semelhança.
- Agrupar as cadeiras; enfileirá-las.
- Agrupar os armários e comparar os tamanhos.
- Descrever as atividades exercidas na cozinha, na sala, no banheiro e no quarto.

Atividades Gráficas

Desenhar uma "casinha de chocolate" da história infantil *Joãozinho e Maria*.

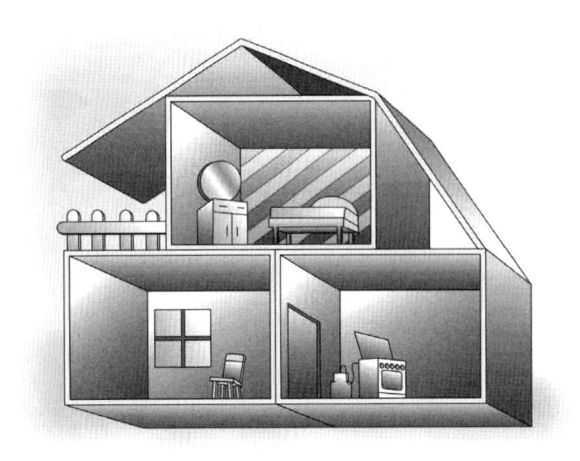

Para Reflexão

No brinquedo simbólico, a criança tem oportunidade de elaborar conflitos e realizar desejos. Quanto maior for sua imaginação, maiores serão as oportunidades de ajustar-se ao mundo ao seu redor através do seu brincar. Nem sempre o "faz de conta" imita a realidade; muitas vezes é uma forma de fugir dela. Outras vezes, como quando veste fantasias ou adereços, é apenas uma tentativa de assumir um novo "estado de espírito". As situações imaginárias estimulam a inteligência e desenvolvem a criatividade. É preciso respeitar a fantasia infantil e subsidiar seu faz de conta porque esta forma de brincar é fundamental para seu equilíbrio emocional.

Histórias em Quadrinhos

Estimula

Pensamento lógico.
Sequência lógica.
Atenção e concentração.
Estruturação tempo-espacial.
Discriminação visual.
Sociabilização.

Descrição

Uma tira de cartolina com 70 cm de largura, riscada (no sentido vertical) de 16 em 16 cm. Figuras selecionadas para formar uma história são colocadas em sequência na tira de cartolina, de acordo com o seguinte critério: uma figura é colada no meio do espaço de 16 cm, entre os dois riscos verticais, e a figura seguinte é colada sobre o risco. Depois, serão cortadas nos lugares onde foram traçados os riscos, separando a figura ao meio e interrompendo a sequência.

Possibilidades de Exploração

♦ Montar a sequência da história juntando as figuras separadas pelo recorte. Narrar a história.

Atividades Complementares

✧ Jogar como dominó: distribuir as peças entre os participantes.
✧ Quem tiver o começo da história inicia o jogo. Se o seguinte tiver a continuação, coloca a peça; se não a tiver, passa a vez.
✧ O professor escolhe um tema e, seguindo a ordem alfabética dos nomes das crianças, pede que comecem uma história. Cada criança fala durante um minuto e passa a vez para o próximo, que vai acrescentando dados, modificando o curso dos acontecimentos, caracterizando os personagens etc.

Atividades Gráficas

Desenhar uma história em quadrinhos.

Para Reflexão

Segundo Roy McConkiy, existem cinco formas básicas de brincar: os jogos exploratórios, os jogos sociais, os jogos de atividade física, os jogos de habilidades e os jogos de "faz de conta". Antes do brincar, surgem as ações exploratórias que são fundamentais como subsidiantes da evolução do processo cognitivo. Explorar é descobrir, é aceitar o desafio do novo, é uma forma de chegar ao conhecimento. Os jogos sociais são os que requerem interação com outras pessoas. As brincadeiras que envolvem atividades corporais possibilitam que a criança gaste energias acumuladas e desenvolva sua motricidade. Os jogos de habilidades mobilizam as habilidades mais finas e requerem concentração da atenção. Para um desenvolvimento normal, as crianças precisam de todos esses tipos de brincadeiras.

Gavetinhas da Memória

Estimula

Pensamento.
Memória espacial.
Atenção.
Observação.

Descrição

Vinte caixas de fósforos colocadas em cinco pilhas de quatro caixas e revestidas com papel *contact*, fita durex colorida ou papel colorido. Dentro das gavetinhas é possível colocar pequenas peças, de acordo com a forma como se vai brincar.

Possibilidades de Exploração

- Colocar uma pequena peça em uma das gavetinhas do armário, rodá-lo em seguida algumas vezes e pedir que o aluno diga onde está a peça.
- Fazer a mesma coisa, mas escondendo duas peças, depois três, e assim por diante.
- Colocar 18 pares de pequenos objetos nas gavetinhas e jogar como jogo da memória, em que cada participante tem de encontrar duas peças iguais.

Atividades Complementares

- Juntar caixinhas de fósforos, colar umas às outras e fazer o brinquedo acima descrito.

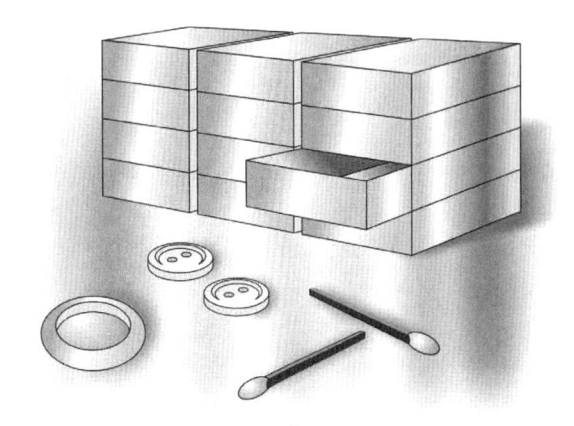

Atividades Gráficas

Desenhar um labirinto que tenha entrada e saída.

Para Reflexão

A memória é uma função do pensamento que pode e deve ser estimulada, pois, na sua vida acadêmica, as crianças vão precisar muito dela. Alguns jogos infantis são baseados na memória visual, outros na memória espacial e outros na memória auditiva. Também através de exercícios simples pode-se ir desafiando cada vez mais a capacidade de memorizar. A repetição de um número crescente de palavras, por exemplo, feita com persistência, irá aumentando gradativamente este potencial. Algumas vezes a memorização não acontece porque não houve suficiente concentração de atenção na observação do que se pretende memorizar.

Loto de Revistas em Quadrinhos

Estimula

Pensamento.
Discriminação de figuras.
Atenção e concentração.
Linguagem verbal.

Descrição

6 cartelas de cartolina (21x15 cm) e 36 cartelinhas (7x5 cm) do mesmo material, contendo figuras de duas revistas em quadrinhos iguais, colocadas uma na cartela e a outra, seu par, na cartelinha.

Possibilidades de Exploração

- Deixar que a criança explore livremente para descobrir o que pode fazer com o material.
- Distribuir as cartelas entre os participantes.
- Misturar as cartelinhas e sorteá-las; descrever a figura para que as crianças a localizem em suas cartelas.

Observação: as próprias crianças, uma por vez, poderão sortear e descrever as figuras.

Atividades Complementares

- Jogar como "Jogo de Loto": distribuir as cartelas entre os participantes e ir sorteando as cartelinhas. A identificação da figura das cartelinhas com a da cartela do loto deve ser feita através de descrição verbal da figura. As crianças deverão prestar atenção na descrição e verificar se alguma das figuras da sua cartela pode ser a figura descrita. Cada criança poderá sortear e descrever à sua vez.
- Vence o jogo quem completar a cartela primeiro.

Atividades Gráficas

Desenhar uma história em quadrinhos.

Para Reflexão

Para participar do jogo acima descrito, a criança é obrigada a concentrar a sua atenção na discriminação auditiva. Ela exercita, assim, o seu pensamento auditivo. Escuta a descrição verbal, decodifica o conteúdo da linguagem e procura localizar, nas figuras de sua cartela, a imagem correspondente. O interesse em identificar figuras para preencher a cartela faz com que preste muita atenção; portanto, participando do jogo, está desenvolvendo sua capacidade de concentrar a atenção. Por outro lado, o pensamento visual também está sendo exercitado, na medida em que a criança deve discriminar os detalhes da figura para poder identificá-la. As revistas de histórias em quadrinhos podem ser transformadas em jogos educativos bastante motivadores, considerando-se o grande interesse que essas revistas despertam nas crianças.

Formas Lógicas

Estimula

Pensamento lógico.
Aquisição de conceitos.
Desenvolvimento da linguagem.
Sequência.
Classificação por mais de um atributo.
Formação de conjuntos.

Descrição

Vinte e quatro peças de formas geométricas de papel-cartão, assim distribuídas: dois tamanhos (grande e pequeno), três cores (amarelo, azul e vermelho), quatro formas (triângulo, quadrado, retângulo e círculo).

Possibilidades de Exploração

- Manipular as peças livremente, descobrindo o que pode ser feito com elas.
- Formar conjuntos por livre escolha e descobrir quais podem ser as características dos conjuntos (tamanhos, cores e formas).
- Verificar a quantos conjuntos cada peça pode pertencer.
- Descrever as peças por seus atributos.
- Descrever a peça dizendo o que ela não é.
- Encontrar peças solicitadas por dois ou três atributos. (Exemplo: triângulo, vermelho, pequeno.)
- Agrupar todas as peças que não tenham determinado atributo ou atributos. (Exemplo: todas que não sejam amarelas ou pequenas.)
- Fazer uma sequência de peças em que haja apenas uma diferença de uma peça para outra.
- Organizar uma sequência com determinado segredo para a criança descobrir. (Exemplo: uma peça grande e duas verdes ou então uma peça amarela, outra grande, outra vermelha.)

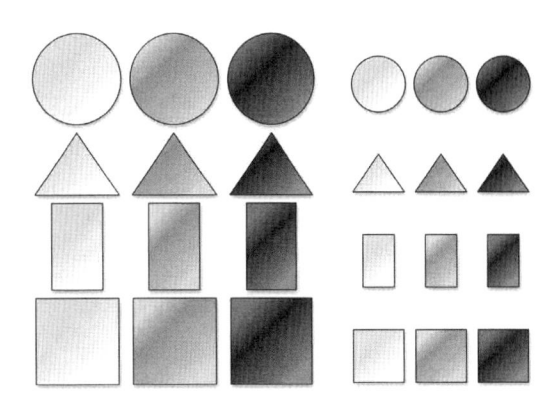

Atividades Complementares

⋄ Distribuir as peças entre os participantes e determinar qual a regra do jogo. (Exemplo: peça que tenha apenas uma diferença com relação à outra.) O primeiro jogador põe uma peça, o segundo deverá colocar outra que tenha apenas uma diferença da anterior, e assim por diante; quem não tiver, perde a vez. Vence quem terminar suas peças primeiro.

Atividades Gráficas

Desenhar e colorir uma sequência de formas geométricas de dois tamanhos e trocá-la com um colega para reproduzir a sequência criada por ele.

Para Reflexão

Os conceitos são construídos criativamente pela inteligência humana, não fazem parte do mundo físico e portanto não podem ser fornecidos às crianças por meio de linguagem verbal. O corpo e as atividades sensoriais são fontes de desenvolvimento da inteligência.

Quarteto de Semelhanças

Estimula

Concentração da atenção.
Observação.
Discriminação visual.
Noção de semelhança e diferença.

Descrição

Trinta e duas cartas de cartolina (6x10 cm) com formas geométricas coloridas, com as seguintes características: todas são diferentes, pois variam nas cores (vermelho, verde, azul e amarelo), nas formas (quadrado, círculo, triângulo e retângulo) e nos tamanhos (grande, pequeno).

Possibilidades de Exploração

- Distribuir seis cartas para cada jogador e deixar as que sobraram viradas para baixo, em um monte na mesa. Os participantes, que poderão ser quatro, deverão formar um quarteto com cartas que tenham uma semelhança. (Exemplo: quatro cartas cujas figuras sejam vermelhas, ou então quatro cartas cujas figuras sejam de tamanho pequeno, ou quatro cartas que tenham quadrados etc.) Em cada rodada os jogadores deverão pegar uma carta da mesa e dar outra para o parceiro seguinte. Vencerá o jogo quem conseguir formar um quarteto.
- Essas cartas também podem ser jogadas como um dominó, no qual os jogadores deverão colocar na sequência do jogo uma carta que possua alguma semelhança com a carta anterior. (Exemplo: após um triângulo verde pequeno poderá ser colocada uma carta com uma outra figura que seja pequena ou verde ou então um triângulo.)

Atividades Complementares

⋄ Pedir aos alunos que completem frases como:
"Eu vi um ônibus andando devagar como... "
"Eu vi um gato preto como... "
"Renata tem um vestido azul como... "
"A sua blusa é branca como... "
"Aquele papel era verde como... "
"O homem era grandão como um... "
"A menina é linda como... "

Atividades Gráficas

Desenhar coisas que tenham alguma semelhança.

Para Reflexão

Brincar com a criança é uma forma de demonstrar amor por ela. Ao partilhar uma brincadeira, estamos valorizando a atividade da criança, e, se o relacionamento acontecer sem autoritarismo, esta será uma excelente oportunidade para elevar o seu autoconceito.

Qual Chega Primeiro?

Estimula

Pensamento.
Destreza.
Observação.
Dedução.

Descrição

Caixa de papelão duro, com quatro furos redondos na parte superior. Nas laterais foram recortadas portinhas, através das quais deverão sair as bolinhas de gude. Vinte garrafas de plástico, das quais foi retirado o fundo. Bolinhas de gude (de vidro) em quantidade igual ou múltipla ao número de jogadores.

Possibilidades de Exploração

♦ Colocar a primeira garrafa virada para baixo e encaixada em um dos buracos da caixa. Enfiar as outras garrafas na mesma posição, encaixadas umas nas outras. Cada jogador arruma suas garrafas de forma a facilitar a rolagem das bolinhas, as quais serão colocadas na última garrafa para rolarem e saírem pela porta correspondente.

Atividades Complementares

✧ Observar alguns móveis da sala, tais como mesa, carteira, cadeira e até a lousa, e fazer uma avaliação, imaginando quantos palmos terão na sua largura. Medir depois usando a mão espalmada como medida de referência e anotar quantos palmos as peças têm de largura.

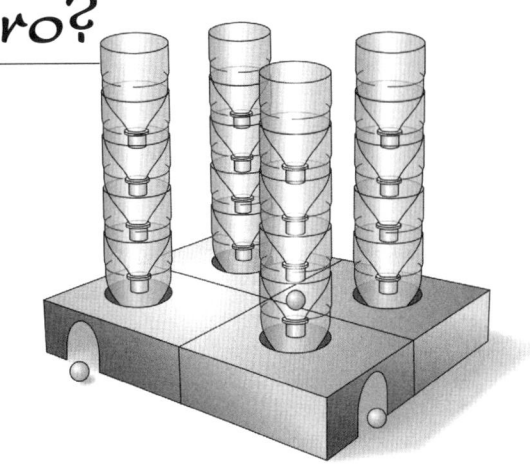

Atividades Gráficas

Desenhar um menino no canto inferior esquerdo da folha e uma casinha no canto superior direito da mesma folha. Riscar quatro caminhos para o menino chegar à sua casa. Depois, sobrepor um fio (ou pedaço de linha) a um traçado para medir a distância até a casinha e dar um nó no lugar em que o fio alcança a casa. Fazer a mesma coisa com os outros traçados e fazer a comparação dos tamanhos para descobrir qual é o traçado mais curto.

Para Reflexão

Para desenvolver a capacidade de avaliar, precisamos antes desenvolver a capacidade de observar e enriquecer as possibilidades de comparação, aumentando os referenciais que a criança tem. É importante estimular a criança a fazer inferências e em seguida constatar sua veracidade. Entretanto, a constatação deve ser uma descoberta pessoal da criança para não correr o risco de ter a conotação negativa de verificação de erro, o que provocaria uma autoimagem negativa.

Tudo nas Caixinhas

Estimula

Pensamento lógico.
Comparação de tamanhos.
Habilidade manual.

Descrição

Caixa grande com muitas caixinhas de tamanhos bem variados, sendo que em cada uma delas há um pequeno objeto do tamanho da caixinha.

Possibilidades de Exploração

◆ Esvaziar todas as caixinhas, misturar os objetos e voltar a guardá-los, de forma que não fique nenhum fora da caixa.

Atividades Complementares

✧ Desenhar, na lousa ou no papel, o espaço que imagina ser o contorno de um determinado objeto e depois colocá-lo em cima, dentro do contorno, para verificar se o cálculo foi correto.
✧ Escolher uma pequena caixa e imaginar tudo o que caberia dentro dela; em seguida, verificar se realmente cabe.

Atividades Gráficas

Desenhar um quadrado e verificar quantos outros quadrados consegue fazer dentro dele; fazer a mesma coisa com círculos, triângulos e retângulos.

Para Reflexão

A forma como a realidade é apreendida pelos indivíduos está diretamente ligada ao nível de desenvolvimento do seu pensamento. A compreensão dos fatos e dos fenômenos tem como base as experiências vividas anteriormente.

Sim, Sim... Não, Não...

Estimula

Classificação.
Generalização.
Imaginação.

Descrição

Caixa fechada contendo um objeto.

Possibilidades de Exploração

♦ Esconder um objeto na caixa e pedir aos alunos que adivinhem o que é, por meio de perguntas que só poderão ser respondidas com as palavras SIM ou NÃO. Vencerá quem conseguir adivinhar fazendo o menor número de perguntas.

Atividades Complementares

✧ Separar três espaços na lousa; no primeiro escrever animais; no segundo, alimentos; e, no terceiro, objetos. Pedir às crianças que digam palavras referentes a essas categorias e ir escrevendo os nomes nos espaços correspondentes, mas deixando livre da metade da lousa para baixo, para utilizar depois, fazendo as subclasses de cada classe de elementos. Analisar com as crianças as características de cada animal e propor a divisão dos animais em duas subclasses. (Exemplo: animais de quatro patas, animais de duas patas, e subdividir então o espaço reservado aos animais e tornar a escrever seus nomes, classificando-os agora em suas subclasses.) Fazer a representação gráfica esquemática das classes e subclasses. Fazer a mesma sequência com os alimentos e objetos, mas subdividindo-os em três ou quatro subclasses.

Atividades Gráficas

Desenhar uma árvore com três galhos maiores e colocar galhos menores saindo de cada galho. Pedir aos alunos que pensem sobre quais nomes poderiam estar representados nos galhos menores.

Para Reflexão

As crianças que ainda não adquiriram conceito de classe e subclasse classificam as coisas como se fossem duas classes. Por exemplo: animais e cachorros. Além da dificuldade de separar o objeto físico da classe mental a que ele pertence, existe uma confusão entre o nome do objeto e o nome da classe. A dificuldade linguística é um sintoma de imaturidade do pensamento. A dificuldade maior é, na verdade, uma dificuldade de pensamento, de compreensão do conceito de classe e subclasse. A execução de um esquema hierárquico em que se coloquem as grandes classes acima e as subclasses abaixo, derivando das classes, pode facilitar a compreensão deste conceito. A elaboração da árvore genealógica da família pode também facilitar esse entendimento.

Inventando a História

Estimula

Pensamento.
Criatividade.
Imaginação.
Desenvolvimento da linguagem verbal.
Fluência verbal.
Discriminação visual.

Descrição

36 figuras de três tipos de revistas em quadrinhos, recortadas e coladas em cartolina. (Exemplo: doze quadrinhos de uma revistinha, doze quadrinhos de outra e doze quadrinhos de uma outra.)

Possibilidades de Exploração

- Selecionar as figuras agrupando os personagens que pertencem à mesma revista.
- Criar histórias formando sequências com as figuras em quadrinhos.
- Inventar histórias misturando os personagens de diversas revistas.
- Jogar como "Jogo da Memória", sendo que o critério para a formação dos pares será o de associar figuras cujos personagens pertençam à mesma história.
- Sortear quatro figuras misturadas e inventar uma história com elas.

Atividades Complementares

⋄ Recortar quadrinhos de revistinhas e colar no caderno, montando a sequência de uma nova história.

Atividades Gráficas

Copiar os nomes dos personagens das histórias em quadrinhos.
Escrever novos textos para serem colocados nas "nuvenzinhas" que contêm as falas dos personagens.

Para Reflexão

Conseguir bons resultados em atividades realizadas é fator importante no processo de construção de autoconceito positivo. Embora a inteligência precise ser desafiada, a possibilidade de satisfação consigo mesma tem que ser assegurada à criança. Quando ela se sente capaz, quando não tem medo de ser repreendida ou ridicularizada, aprende mais porque arrisca mais. As tentativas mal sucedidas não devem ser tratadas como erro, mas simplesmente como mais uma tentativa de acerto.

Teatro de Sombras

Estimula

Imaginação.
Criatividade.
Habilidade manual.

Descrição

Caixa de papelão duro cujo fundo foi substituído por uma tela de papel de seda ou papel-manteiga. Para produzir as sombras, podem ser utilizados pequenos objetos ou figuras recortadas em cartolina e presas a uma vareta. Atrás da caixa é colocado um foco de luz, que pode ser proveniente de uma vela, de uma lanterna ou de uma lâmpada de abajur.

Possibilidades de Exploração

- Manipular as figuras ou os objetos inventando ou reproduzindo uma história.
- Colocar objetos atrás da tela e pedir às crianças que identifiquem qual é o objeto.

Atividades Complementares

- Pedir às crianças que fiquem em pé e respondam sem palavras, apenas com gestos e expressões faciais, a perguntas como:
"O que vocês sentiriam se ganhassem na loteria?"
"Como vocês reagiriam se levassem um grande susto?"
"E se vocês pisassem num chão muito quente?"
"E se a sua bicicleta fosse roubada?"
"E se vocês tivessem de pegar uma laranja numa árvore alta?"
"Como fariam para não serem vistos por ninguém?"
"E se vocês fossem sorvetes derretendo?"
"E se vocês fossem manequins de vitrine?"

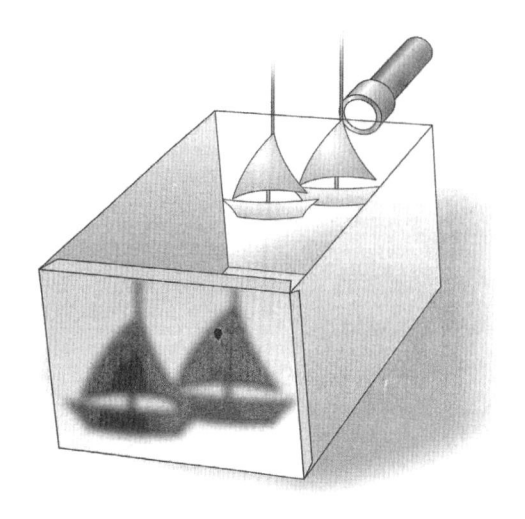

Atividades Gráficas

Desenhar figuras para serem recortadas e utilizadas no "Teatro de Sombras".

Para Reflexão

O teatro pode trazer à tona situações significativas para as crianças, tanto o teatro criado por elas, no qual colocam a sua própria maneira de sentir e interpretar as relações com as pessoas e com os acontecimentos que as cercam, quanto o teatro no qual são representadas histórias. As histórias, os personagens e os acontecimentos representados podem ter um significado simbólico e facilitar a compreensão de situações vividas pela criança. A vivência de diferentes papéis favorece a elaboração e a aceitação da posição de outras pessoas a respeito dos acontecimentos. Assistir a uma representação teatral é um grande enriquecimento para a criança, principalmente se o tema for comentado depois.

Quadro das Combinações

Estimula

Pensamento lógico.
Orientação espacial.
Classificação.
Composição e decomposição.
Discriminação visual.

Descrição

Quadrado de papel-cartão (30x30 cm) quadriculado de 6 em 6 cm e plastificado com papel *contact* (ou cola). 16 cartelinhas com quatro tipos de formas geométricas, coloridas em quatro cores diferentes. 4 cartelinhas contendo somente o desenho das formas. 4 cartelinhas contendo manchas com as quatro cores.

Possibilidades de Exploração

♦ Colocar as cartelinhas com o desenho simples das formas geométricas na fileira de cima do quadrado e as cartelas com as manchas coloridas na fileira lateral esquerda (o primeiro quadrado, o do canto esquerdo, nunca pode ser utilizado). Colocar as cartelinhas com as formas geométricas coloridas no quadrado situado no encontro da coluna horizontal, correspondente à cor da figura, com a coluna vertical, correspondente à forma da figura. Sortear uma cartela com uma forma colorida e colocá-la num espaço no quadrado em branco, e depois colocar na primeira fila horizontal e na primeira coluna vertical as cartelas correspondentes à cor e à forma representadas na cartela, fazendo assim a operação inversa de decompor a figura colorida.

Atividades Complementares

✧ Desenhar o quadriculado na lousa e colocar um atributo na linha de cima e outro na coluna lateral, para que as crianças digam o que deverá ser escrito nos quadrados que representam o encontro das linhas verticais com as horizontais. Poderão ser usadas letras (vogais numa coluna e consoantes na outra) ou números (unidades que irão formar dezenas).

Atividades Gráficas

Utilizando uma folha de papel em branco, fazer o mesmo exercício realizado na lousa.

Para Reflexão

Toda classificação envolve processos de seleção e agrupamento baseados em critérios determinados. Antes de se poder classificar a criança é preciso perceber que existem qualidades e características diferentes e ser capaz de identificá-las. Os quadros de combinações, também chamados quadros de dupla entrada, permitem a classificação cruzada por dois atributos: um colocado na primeira coluna vertical e outro na primeira linha no sentido horizontal. No encontro das duas colunas coloca-se a peça que contém os dois atributos. Faz-se assim a composição de uma nova figura que contém os dois elementos indicados.

Fazendo Quebra-Cabeças

Estimula

Habilidade manual.
Coordenação visomotora.
Composição e decomposição.
Pensamento.

Descrição

Quebra-cabeça feito com caixas de pasta dental (confecção descrita abaixo, como na atividade complementar).

Possibilidades de Exploração

♦ Montar e desmontar o quebra-cabeça dos dois lados.

Atividades Complementares

❖ Selecionar quatro caixas de pasta dental iguais.
❖ Picar papel rasgando-o em pedaços bem pequenos.
❖ Encher as caixas com o papel picado, tomando cuidado para que não fiquem vazias ou cheias demais, para não se deformarem.
❖ Fechar as caixas passando durex (ou colando uma tira de papel).
❖ Escolher duas gravuras de tamanho igual ao das caixas agrupadas.
❖ Juntar bem as caixas e colar uma das figuras; virar do outro lado e colar a outra figura.
❖ Com auxílio de uma lâmina e de uma régua, cortar entre as caixas separando as peças do quebra-cabeça.
❖ Fazer uma caixa para guardá-lo, utilizando a tampa de uma caixa de sapatos.

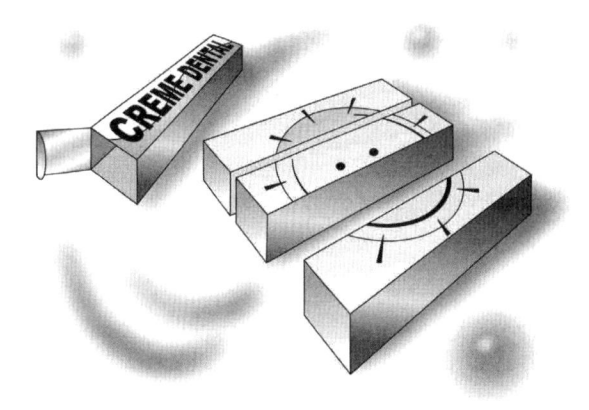

Atividades Gráficas

Com uma folha de papel transparente, decalcar o desenho de uma figura de revista.

Para Reflexão

O hábito de planejar atividades pode ser estabelecido desde cedo se estimularmos as crianças a fazerem planos e a procurar executá-los. Estabelecer um planejamento prévio dá uma sensação de dever cumprido e eleva o autoconceito. Mesmo que não se consiga o resultado esperado, a experiência de haver tentado e de ter encontrado outras alternativas é bastante enriquecedora e vai construindo o sentimento de competência.

A Capital É...

Estimula

Memória.
Fixação dos nomes das capitais dos Estados brasileiros.

Descrição

54 tampas de vidros de conserva, ou outras, com círculos de cartolina na medida do diâmetro interno das tampas, colados nestas. Nos círculos estão escritos nomes de Estados e suas capitais.

Possibilidades de Exploração

- Associar o nome de Estados ao de suas capitais, formando pares.
- Sortear as tampas entre as crianças para que se mobilizem para encontrar o par.
- Dominó: dividir as tampas igualmente entre os participantes. O primeiro jogador coloca um Estado; quem tiver a capital coloca a sua tampa e mais uma com o nome de um Estado; quem tiver a capital coloca a tampa, e assim por diante.
- Vence quem terminar suas tampas primeiro.
- Utilizar como "Jogo da Memória".

Variações: Colocar dentro das tampas outros conteúdos que possam ser associados, tais como: datas e acontecimentos históricos, animais e sons que emitem etc.

Atividades Complementares

- Sortear as tampas com nome de capitais e localizá-las num mapa do Brasil.

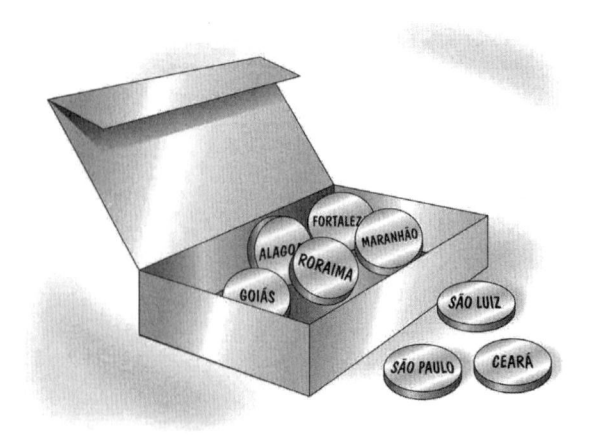

Atividades Gráficas

Escrever uma lista com os nomes dos Estados e as respectivas capitais.

Para Reflexão

A geografia pode ser atrativa para as crianças se for associada aos fatos da vida cotidiana que são narrados nos jornais e na televisão. Tomando conhecimento do resultado dos jogos de futebol, por exemplo, podemos estimular as crianças a localizarem no mapa as diferentes cidades onde os jogos aconteceram. Também lendo os jornais, podemos pesquisar as notícias e procurar acontecimentos ocorridos em cidades próximas, ou fatos que aconteceram em lugares muito distantes. Com esse tipo de pesquisa, além de estudar geografia, as crianças estarão se atualizando sobre o que acontece pelo mundo. É importante cultivar a noção de universalidade e fazer as crianças sentirem que os seres humanos são parecidos, não importa quão longe de nós estejam.

Tampas e Tampinhas Coloridas

Estimula

Discriminação visual.
Pensamento.
Coordenação visomotora.
Estruturação tempo-espacial.
Manipulação de quantidades.
Equilíbrio.

Descrição

Caixa com grande quantidade de tampas de plástico colorido; tampas de desodorante, de *spray*, de xampu etc.

Possibilidades de Exploração

1 - Espalhar as tampas no chão e deixar as crianças inventarem brincadeiras com elas.

2 - Procurar tampas iguais e organizar uma fila formando pares.

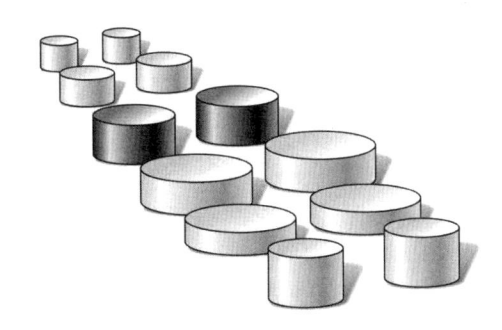

3 - Fazer torres de tampas para descobrir qual o maior número de tampas que se consegue empilhar.

4 - Verificar qual o maior número de tampas que se consegue encaixar colocando umas dentro das outras.

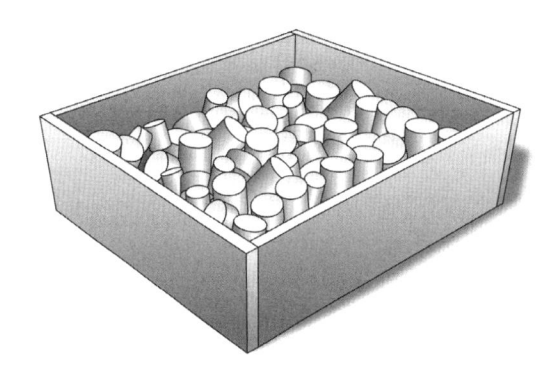

5 - Organizar uma sequência crescente de quantidades no sentido horizontal.

6 - Fazer a mesma coisa no sentido vertical.

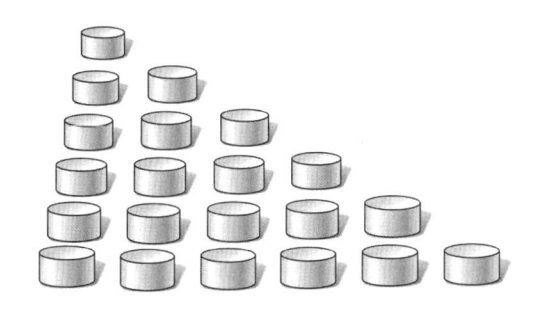

7 - Construir castelos.

8 - Criar desenhos decorativos no chão, utilizando tampas de diferentes cores e tamanhos.

9 - Fazer "ditado" de tampas.
(Exemplo: duas vermelhas, uma amarela, três pequenas etc.)

10 - Fazer "tabuada" de tampas.

(Exemplo: duas vezes três tampas, (2x3), três vezes duas tampas (3x2) etc.)

11 - Verificar de quantas maneiras diferentes se pode decompor uma quantidade.
(Exemplo: 6 = 2+4 ou 5+1, ou 3+3 etc.)

12 - Jogar "Descubra o Segredo": cada grupo organiza uma fileira com seis tampas segundo determinado critério e pede ao outro grupo que descubra qual foi o critério (o segredo) utilizado.
(Exemplo: uma tampa verde, duas azuis e uma branca. Os elementos do outro grupo deverão continuar a sequência mantendo o mesmo critério.)

13 - Atribuir um valor a cada cor.
(Exemplo: vermelho vale 10, verde vale 5, amarelo vale 4. Dizer um número para que as crianças componham a quantidade equivalente segundo o código de valor das cores que foi estabelecido.)

14 - Recolher uma quantidade de tampas sem olhar e depois somar para ver quanto vale o conjunto de acordo com o código acima.

15 - Usar as tampas realizando jogos lógicos, como os que são feitos com os blocos lógicos de Diens.
(Exemplo: pedir às crianças que formem conjuntos sem solicitar critérios determinados e depois pedir a elas que expliquem no que se basearam para fazer o conjunto.)

16 - Fazer um conjunto de tampas grandes e outro de tampas pequenas e pedir que digam qual o conjunto que tem maior número de tampas.

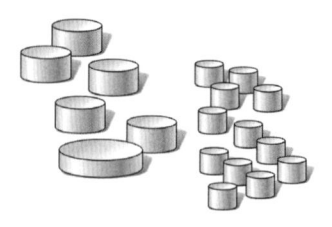

17 - Encontrar tampas que sejam semelhantes em dois aspectos.

18 - Encontrar tampas que sejam diferentes em três aspectos.

19 - Organizar duas fileiras, uma de tampas grandes, outra de tampas pequenas, e fazer a correspondência: para cada tampa grande, uma pequena.

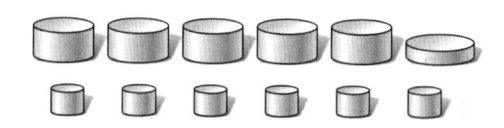

20 - Fazer dois grupos de tampas aleatoriamente e depois pedir aos alunos que igualem as quantidades dos dois conjuntos.

21 - *Dominó de Cores*
Jogar como dominó comum, distribuindo as tampas entre os participantes (em média seis tampas para cada participante). O primeiro jogador coloca uma tampa e o próximo deve colocar uma outra que tenha uma semelhança e uma diferença em relação à anterior. Quem não tiver a tampinha solicitada perde a vez, e quem terminar suas tampas ganha o jogo.

22 - *Tampa ao Cesto*
Colocar um cesto (ou caixa) a 2 metros de distância. Distribuir as tampas entre os participantes de forma que cada um

tenha tampas de uma só cor: a um sinal da professora, todas as peças deverão ser atiradas no cesto. Vencerá quem conseguir acertar maior número de arremessos.

23 - Qual Está Faltando?

Selecionar 20 tampas. Pedir às crianças que as observem. Dividir as crianças em dois grupos. Um grupo fica de costas enquanto o outro retira uma tampa do meio das outras, para que seus opositores descubram qual foi a tampa retirada; se acertarem ganham um ponto.

24 - A Maior Ganha

Distribuir as tampas entre os jogadores. O jogo começa com uma tampa média no meio da mesa. O primeiro jogador deverá apresentar uma tampa maior para ganhar a que está na mesa. Caso contrário, colocará apenas uma peça para dar continuidade ao jogo. Vence quem tiver conseguido o maior número de tampas.

25 - Jogo da Torre

Escolher a tampa maior e colocar no centro da mesa. Cada jogador, à sua vez, deverá colocar mais uma tampa para construir a torre. Quem derrubá-la sai do jogo, e a construção da torre recomeça.

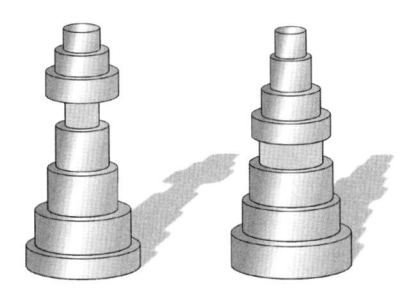

26 - Come-Come

Espalhar tampas de todos os tamanhos, incluindo tampas pequenas (como as de pasta dental). Cada jogador fica com uma tampa grande e, ao sinal de partida, deverão cobrir (comer) o maior número de tampas, mas sem levantá-las completamente da mesa, ou seja, mantendo um lado da tampa sempre encostado à mesa enquanto a movimenta. Ao sinal de parar, contam-se quantas tampas cada um "comeu".

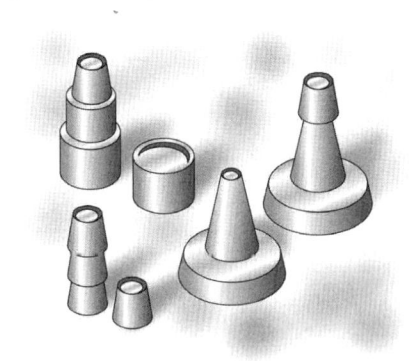

27 - Escravos de Jó

Dar uma tampa grande para cada participante. Enquanto cantam a música "Escravos de Jó", os participantes vão passando as tampas para o colega à sua direita. Quem errar sai do jogo, ganha o último que ficar.

Atividades Gráficas

Cada criança cria várias sequências de tampas para depois reproduzir desenhando e colorindo.

Para Reflexão

A riqueza de possibilidades proporcionada por uma simples coleção de tampas é um exemplo vivo de que, perto de nós, existem muitas oportunidades esperando pela nossa criatividade.

Letras e Palavras

Os jogos de letras e palavras podem ser de grande ajuda no processo de alfabetização, pois, para que uma criança aprenda a ler, são fundamentais a motivação para a leitura e a capacidade de discriminar a forma e o som das letras. O desafio proposto pela dinâmica dos jogos de alfabetização desperta o interesse pela leitura e proporciona oportunidade de exercício.

As palavras escritas precisam ter significado para a criança, precisam representar alguma coisa que ela conheça ou que tenha vontade de conhecer.

Novos jogos podem ser criados para trabalhar famílias silábicas que estão sendo introduzidas ou vocabulário relativo a determinados centros de interesse. Utilizando a dinâmica dos jogos tradicionais básicos (veja "Jogos e Competição") muitos novos jogos podem ser inventados até mesmo pelas crianças.

Minha Revista

Estimula

Alfabetização.
Identificação de figuras.
Desenvolvimento do pensamento.
Aquisição de vocabulário.

Descrição

Figuras de revista recortadas e coladas em papel-ofício, ou cartolina do mesmo tamanho, e depois enfiadas dentro de sacos plásticos transparentes. Os sacos são unidos pela margem esquerda e podem ser grampeados ou costurados.

Possibilidades de Exploração

- Mostrar as figuras à criança.
- Perguntar o que representam; caso ela não saiba ou não diga, falar o nome do objeto e fazer relação com alguma coisa que já seja conhecida pela criança.
- Olhar as figuras e dizer para que servem.

Atividades Complementares

- Dividir a classe em três grupos e a lousa em três partes. Colocar uma gravura grande em lugar visível para todos. Pedir a um grupo por vez que nomeie palavras referentes a coisas observadas na figura e ir escrevendo na lousa, no lugar reservado àquele grupo.
- Vencerá o grupo que conseguir observar maior número de detalhes, ou seja, aquele que nomear maior número de palavras.

Atividades Gráficas

Cada criança poderá montar seu próprio álbum, escolhendo figuras que gostaria de colecionar.

Para Reflexão

O processo de leitura começa com a identificação de figuras. "Ler figuras" e reconhecer retratos são atividades importantes como preparação para a futura alfabetização. O contato com a representação gráfica da realidade, o prazer de reconhecê-la, expressos de uma forma tão diferente, fazem parte do despertar da motivação para a leitura; sem estar motivada para compreender o que está escrito, a criança não irá pesquisar nem descobrir o significado das coisas escritas. Quando existe na família o hábito de ler, certamente a criança, até por imitação dos adultos, irá ter a curiosidade de saber o que as pessoas estão lendo. Uma revista colorida, um livro cheio de figuras ou uma revistinha em quadrinhos poderão ser úteis para que a criança possa folheá-los e fazer de conta que está lendo também, o que não deixa de ser verdade, visto que ela está fazendo a sua leitura. Mas, quando no ambiente em que a criança vive não existe esse tipo de estimulação, certamente a escola deverá lhe dar tempo maior, até que adquira a necessária maturidade psicomotora e social.

Figuras Cortadas

Estimula

Alfabetização.
Estruturação silábica.
Vocabulário.
Atenção e concentração.
Observação.
Relação parte/todo.
Composição de palavras e figuras.

Descrição

Retângulos de cartolina com figuras de revistas e o nome do objeto em letra de forma, de modo que a palavra fique do tamanho da figura. O corte é feito sinuosamente no sentido vertical, separando as sílabas.

Possibilidades de Exploração

♦ Observar a figura, decompô-la e recompor as partes.
♦ Observar e misturar as partes, recompor todas as figuras, dizer o que está escrito, ler as sílabas separadas e formar novas palavras.

Atividades Complementares

❖ Virar as figuras para baixo (deixando o verso branco para cima). Misturá-las e distribuí-las, aleatoriamente, entre as crianças. Seguir a ordem alfabética dos nomes das crianças para que comecem a dizer que parte da figura e sílaba está consigo e a procurar as outras partes. Para cada figura haverá um grupo de duas, três, quatro ou mais crianças. Uma vez todas as figuras recompostas, verificar se o nome da figura contém sílabas dos nomes das crianças do grupo. Enfileirar as figuras sobre a mesa em ordem alfabética.

Atividade Gráfica

Escrever palavras no sentido inverso (de trás para a frente) em pequenos cartões para que a criança copie no sentido certo. Escrever palavras espelhadas para que a criança as veja na sua forma correta ao colocá-las de frente para um espelho.

Para Reflexão

"A leitura do mundo precede a leitura das palavras." (Paulo Freire)

Abecedário

Estimula

Alfabetização.
Memorização da sequência alfabética.
Ordenação e sequência de letras.
Aquisição de conceitos de antes e depois.
Atenção e concentração.

Descrição

Lâminas de plástico com 6 cm de largura, aproximadamente, tiradas de garrafas de água sanitária. O recorte é feito de forma irregular de modo que os encaixes fiquem diferentes uns dos outros. Em cada uma das peças está colada uma letra na sequência do alfabeto.

Possibilidades de Exploração

- Oferecer as peças à criança e deixar que ela descubra que o encaixe das peças resulta na composição da ordem alfabética.
- Perguntar qual a letra que vem antes do M, depois do H e assim por diante.

  Variação: Substituir as letras por números.

  Observação: numa fase posterior, as peças poderão ser recortadas com as laterais retas para que o jogo não fique autocorretivo, permitindo assim a verificação do aprendizado.

Atividades Complementares

- As crianças escrevem, em folha sulfite, a primeira letra de seu nome (ou sobrenome) e a prendem no peito; depois formam uma fileira conforme a sequência do alfabeto.

Fazer o mesmo com a última letra do nome e sobrenome.

Atividades Gráficas

Ditado das letras do alfabeto, seguindo a sequência natural das letras, intercalado por pausa silenciosa, ou seja: ditar duas letras (A-B); silêncio enquanto as crianças as escrevem, duas letras seguintes (C-D); segue-se o ditado da quinta e sexta letras (E-F) depois, durante a pausa silenciosa a criança escreve G-H, e assim por diante. A professora dita aleatoriamente qualquer letra e a criança escreve a letra que vem antes e depois da letra ditada.

Para Reflexão

A estimulação da linguagem da criança pequena depende da nossa capacidade de compreender e responder às suas produções sonoras. Quando damos atenção a ela, valorizamos a sua vontade de se comunicar.

Figuras e Palavras

Estimula

Alfabetização.
Leitura.
Associação palavra/figura.
Cópia de palavras.

Descrição

Quarenta tampas redondas de plástico: em 20 delas são coladas figuras aproveitadas de livros didáticos descartados, e nas outras 20, palavras correspondentes a cada figura.

Possibilidades de Exploração

- Associar as figuras às palavras correspondentes.
- Se a criança não souber ler, deve-se ler a palavra para ela e pedir que a coloque ao lado da figura.

Atividades Complementares

- Dividir a classe em dois grupos, distribuir as palavras para um grupo e as figuras para o outro, deixando todas viradas para baixo, para não serem vistas. O grupo que recebeu as palavras deve ficar sentado em círculo e o que recebeu as figuras, girando em volta. Ao sinal da professora, o grupo sentado exibe as figuras e o grupo em pé corre com a palavra para junto da figura correspondente. Ganham a rodada as duas crianças que formarem o par primeiro. Para haver mais rodadas, a professora deve recolher as tampas e redistribuí-las novamente. Pode-se inverter a dinâmica: o grupo das palavras senta-se e o das figuras gira.

Atividades Gráficas

Fazer etiquetas com nome dos objetos e móveis da sala de aula e colar nos seus respectivos lugares.

Para Reflexão

As atividades em grupo são muito educativas porque proporcionam aprendizagens muito significativas. Dentro do grupo há estímulo à cooperação pois, para que o grupo alcance bons resultados, todos têm que encontrar uma forma de trabalhar juntos. Em face de uma competição, o mais forte depende da habilidade do mais fraco para que o grupo consiga vencer, portanto, irá procurar uma forma de ajudá-lo. Por sua vez, os mais fracos, aqueles que não teriam condições de vencer individualmente, sentem o prazer da vitória através de seu grupo. Mas é importante variar sempre os elementos que compõem cada grupo para evitar a formação de "gangues" e favorecer oportunidade para que todos se conheçam e trabalhem juntos.

Quebra-Palavras

Estimula

Interesse por letras e palavras.
Composição de figuras e palavras.
Reconhecimento de letras.
Ordenação das letras na palavra.

Descrição

Pedaços de papel-cartão de 15 cm de altura e comprimento de acordo com a extensão da palavra, nas quais são desenhadas (ou coladas) figuras e, abaixo destas, a palavra correspondente, em letra de forma. As cartelas são cortadas em tiras verticais de forma que a cada letra corresponda um pedaço da figura.

Possibilidades de Exploração

♦ Entregar para a criança o conjunto de tiras de cada figura e sugerir que descubra qual palavra poderá ser formada. A composição da figura é também composição da palavra.

Atividades Complementares

✧ Compor palavras à vista de modelos utilizando letras avulsas.
✧ Comparar palavras classificando-as por número de sílabas.
✧ Montar cartões com figuras e cartões com palavras, e fazer a correspondência.

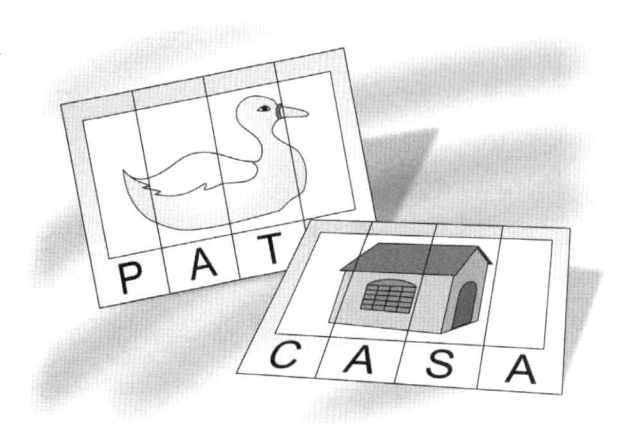

Atividades Gráficas

Desenhar três figuras cujos nomes comecem, por exemplo, com P e tenham uma sílaba, duas sílabas e três sílabas, respectivamente.

Para Reflexão

O conhecimento de uma palavra não é garantia de uma compreensão intelectual do seu significado.

Dominó de Letras

Estimula

Reconhecimento dos diferentes tipos de letras.
Discriminação visual.
Concentração de atenção.

Descrição

Cinquenta e seis dominós de cartolina (5x10 cm) contendo as letras do alfabeto escritas de quatro formas diferentes: letra de imprensa grande, letra de imprensa pequena, letra manuscrita grande e letra manuscrita pequena.

Possibilidades de Exploração

♦ Jogar como dominó.

Atividades Complementares

✧ Sortear um dominó e dizer uma palavra que tenha as duas letras nele contidas.

✧ Dividir a classe em dois grupos. Chamar uma criança de cada grupo, alternadamente, e pedir que sorteiem um dominó e digam uma palavra que contenha as duas letras escritas na peça; quem não conseguir sai do jogo, e quem disser volta para o seu grupo para concorrer novamente. O último elemento dará a vitória ao seu grupo.

Atividades Gráficas

Escrever o alfabeto nas quatro diferentes formas de grafia.

Para Reflexão

Dentre a grande variedade de jogos com letras e palavras, podemos selecionar os que melhor atendem às necessidades de cada etapa do processo de alfabetização. Brincando, a criança pode alfabetizar-se, aprendendo a identificar letras e a reconhecer e formar palavras. Dentro de uma situação em que não há cobrança nem expectativa de desempenhos determinados, pode haver mais prazer na atividade e a aprendizagem pode acontecer através da motivação do jogo. Quando os adultos perguntam muitas vezes o que está escrito aqui ou ali, a criança sente-se acuada e pode haver um bloqueio no processo. Nada atrapalha mais a alfabetização do que a criança saber que esperam que ela aprenda a ler rapidamente. Algumas crianças chegam a desenvolver rejeição pela leitura porque sentem medo de errar ou de demonstrar dificuldade. Por essa razão, é preciso motivar para a leitura sem forçar a criança a ler, pois, quando ela souber ler, terá prazer em mostrar que já é capaz.

Ganhando Letras

Estimula

Alfabetização.
Reconhecimento de letras.
Formação de palavras.
Coordenação dos movimentos amplos.
Arremesso.

Descrição

Dez garrafas de plástico, em cujas tampas estão pregadas, com durex, letras do alfabeto. As garrafas são cortadas a 10 cm da base e colocadas dentro de uma caixa de papelão com aproximadamente 60x40 cm. As argolas são feitas com a parte de baixo que sobrou das garrafas e cobertas com tiras de papel. As tampas avulsas devem conter letras iguais às que estão nas garrafas, basicamente três de cada.

Possibilidades de Exploração

- Jogar as argolas e, se conseguir encaixá-las, pegar uma letra igual a cada letra acertada.
- Cada jogador tem direito a cinco jogadas na partida e a jogar cinco argolas de cada vez.
- Ao final do jogo, ganha quem tiver feito maior número de palavras com as letras que ganhou.
- É interessante fazer um traço no chão para delimitar a distância de onde as argolas deverão ser atiradas.

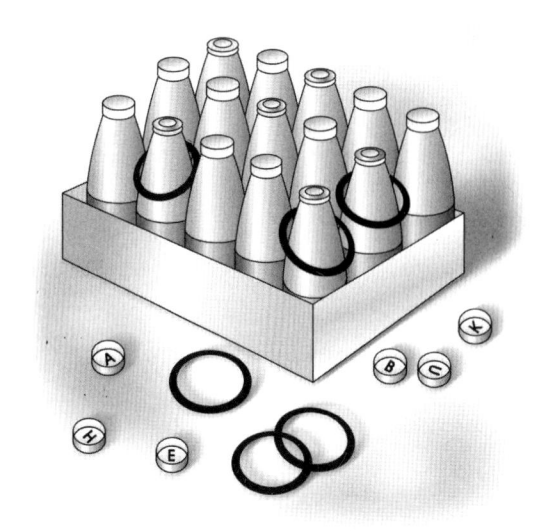

Atividades Complementares

- Distribuir as dez argolas para dez jogadores. Um depois do outro rola um dado; conforme o número sorteado será o número de letras que ele recolhe para pôr em sua argola.
- Vence o jogador que formar primeiro uma palavra.

Atividades Gráficas

Escrever as palavras formadas durante os jogos realizados e fazer a separação das sílabas.

Para Reflexão

A alfabetização não poderá acontecer se a criança não tiver a aptidão de discriminar a forma das letras. No desenho, assim como na escrita, não haverá reprodução de detalhes se a criança não os tiver percebido corretamente.

Descobrindo as Letras

Estimula

Alfabetização.
Formação de palavras e frases.
Discriminação de letras e sílabas.

Descrição

Letras desenhadas em quadradinhos de papel e presas a pedaços de plástico (recortados de garrafas), com durex ou papel *contact* transparente.

Possibilidades de Exploração

- Parear as letras do alfabeto e colocá-las em ordem alfabética.
- Formar o maior número de palavras possível, com um número determinado de letras.
- Juntar as peças, formando palavras que terminem com uma determinada sílaba.
- Terminar uma palavra que tenha sido iniciada por outra pessoa.
- Colocar uma palavra com todas as peças viradas para baixo, desvirar a primeira sílaba e a criança deverá descobrir qual é a palavra. Esse jogo poderá ser utilizado também em grupo, tendo um número certo de tentativas para descobrir qual é a palavra. Se um grupo não acertar, será a vez do outro grupo.
- Colocar uma palavra com todas as peças viradas. As crianças deverão descobrir qual é a palavra, através de perguntas; a cada acerto, a sílaba certa deverá ser desvirada. O número de tentativas deverá ser estipulado antes. Compor frases. Com todas as peças espalhadas, a primeira pessoa forma uma palavra. A segunda escolhe quantas peças forem necessárias para formar outra palavra que contenha a sílaba já colocada. A terceira procede da mesma maneira, sempre utilizando uma sílaba que já tenha sido colocada.
- Ganha quem fizer o maior número de palavras.

Atividades Complementares

- Usando palitos (de fósforo, sorvete etc.), formar letras que possuam apenas linhas retas.

Atividades Gráficas

Copiar as letras que têm uma parte redonda.
Copiar as letras que têm uma linha vertical.
Copiar as letras que têm duas linhas verticais.
Copiar as letras que têm linha inclinada.
Copiar as letras que têm linha horizontal.

Para Reflexão

"O que o homem PODE ser é o que ele DEVE ser." (Maslow)

Bingo de Letras

Estimula

Alfabetização.
Interesse por letras.
Discriminação de letras.
Nomeação de letras.
Reconhecimento de letras.

Descrição

Quatro cartelas de cartolina de 16x16 cm com letras espalhadas em quadrados de 4x4 cm. Um saco plástico contendo 24 cartõezinhos com letras do alfabeto para serem sorteadas.

Possibilidades de Exploração

♦ Jogar como bingo. Sortear uma letra. A criança que a tiver em sua cartela coloca uma tampinha em cima da letra sorteada.
♦ Vence o jogo quem preencher primeiro as quatro letras na horizontal, vertical ou diagonal.

Atividades Complementares

✧ Com os olhos fechados, movimentar o dedo indicador sobre as letras das cartelas e parar, abrir os olhos, ler a letra e dizer uma palavra que comece com ela.
✧ Sortear uma letra do saquinho e dizer que letra vem antes e depois dela, no alfabeto.
✧ Apanhar um punhado de letras e ver quantas palavras consegue fazer com elas.

Atividades Gráficas

Escrever com letras de imprensa que têm forma arredondada, sem olhar no modelo. Fazer a mesma coisa com as letras que têm forma retangular, com as letras que têm traços verticais e com as letras que têm traços horizontais.

Para Reflexão

Convém atentar para o fato de que para cada letra existem pelo menos quatro formas de representação: letra de imprensa grande, letra de imprensa pequena, letra manuscrita grande, letra manuscrita pequena, e ainda existem as variações dentro dos diferentes tipos de caligrafia. Se, para a compreensão do significado das letras, a criança tiver de decodificar e codificar todos esses símbolos, o processo de alfabetização será muito mais difícil, razão pela qual podemos começar usando somente um tipo de letra, preferivelmente a letra grande de imprensa, que é a mais comum. Através de brinquedos e jogos pedagógicos, as crianças podem aperfeiçoar sua capacidade de discriminar visualmente e familiarizar-se com detalhes referentes a todas as formas das letras.

O Nome É...

Estimula

Desenvolvimento da alfabetização.
Discriminação de letras.
Discriminação de sílabas.
Desenvolvimento da leitura.
Composição de palavras.

Descrição

Figuras de revistas coladas em fichas de cartolina ou capas de pastas reaproveitadas. Embaixo de cada figura, aparece o nome dela em letras de forma e maiúsculas. Letras do alfabeto, de imprensa e maiúsculas avulsas, coladas em quadradinhos de cartolina.

Possibilidades de Exploração

♦ Ler a palavra, procurar as letras avulsas correspondentes e formar essa palavra.

Atividades Complementares

✧ Dispor as crianças em duas fileiras A e B, formando pares. As crianças da fileira A receberão as letras avulsas de imprensa maiúsculas; as da fileira B as escreverão em uma folha de papel em letra manuscrita e minúscula, obedecendo à seguinte dinâmica: a professora, à frente das fileiras, repete todas as letras e as libera uma por uma, ou seja, passa uma letra à primeira criança da fileira A, que a mostra à parceira da fileira B, e em seguida passa a letra para a criança seguinte da fileira A, que a mostra à parceira e a passa adiante etc. As parceiras da fileira B escrevem a letra na folha de papel. Uma outra criança recolhe as letras que chegam ao final da fila, mantendo rigorosamente a sequência, para que a professora possa verificar quem acertou todas as letras e quem "pulou" alguma.

Atividades Gráficas

Em pequenos retalhos de papel, escrever letras manuscritas de um lado e, no verso, repeti-las em letra de forma. Repetir o mesmo procedimento com palavras.

Para Reflexão

A alfabetização deve partir de vocabulário que contenha significado para a criança. Devem ser aproveitadas ocasiões em que alguma motivação forte aconteça para escolher palavras ou nomes que as crianças tenham interesse em aprender.

Caixa de Palavras

Estimula

Identificação de palavras.
Desenvolvimento da leitura e da escrita.
Discriminação da letra inicial.
Fixação da ordem alfabética.
Desenvolvimento do vocabulário.
Treino ortográfico.

Descrição

Palavras de revistas, coladas em pedaços de cartolina, sendo que, no verso, a mesma palavra está escrita em letra manuscrita.

Possibilidades de Exploração

- Ler a palavra e copiá-la.
- Colocar em ordem alfabética.
- Selecionar palavras que comecem com a letra..., que terminem com a letra..., que contenham a letra..., palavras que representem ações (verbos), qualidades (adjetivos), objetos (substantivos), palavras que estejam no plural.
- Formar orações com as palavras.
- Sortear duas palavras e empregá-las numa frase.
- Sortear três palavras e inventar uma história.

Atividades Complementares

- Distribuir as palavras entre os participantes (no mínimo, cinco palavras para cada aluno). Um jogador coloca na mesa uma palavra; todos aqueles que tiverem palavras começando com a mesma letra colocam também. O próximo jogador faz a mesma coisa, e quem terminar todas as suas palavras primeiro ganha o jogo.

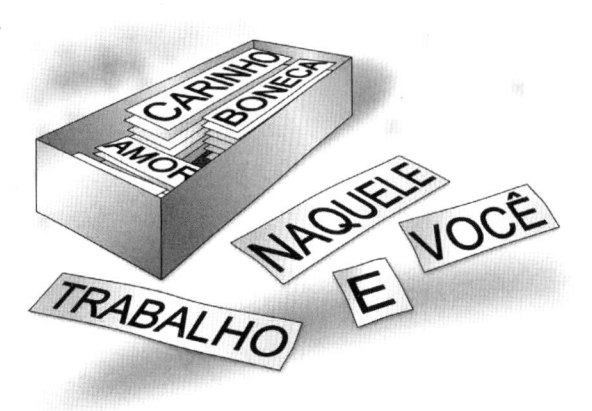

Atividades Gráficas

Formar "palavras cruzadas" com algumas palavras do jogo: selecioná-las por número de letras; montar o quadriculado de acordo com o número das letras; escrever a primeira letra de algumas palavras, como dica, no quadradinho certo; numerar as palavras no sentido horizontal e vertical; fazer duas listas de sinônimos das palavras, uma para as horizontais e outra para as verticais. O grande desafio será combinar as letras no sentido vertical e horizontal.

Para Reflexão

O problema da inversão na leitura, na escrita e no desenho pode estar relacionado com o movimento geral inadequado em torno de um eixo específico do corpo. O conhecimento dos eixos do corpo e o pensamento visual estão mutuamente relacionados. (Furth e Wach)

Painel do Abecedário

Estimula

Alfabetização.
Memorização da ordem alfabética.
Discriminação visual.
Desenvolvimento de memória espacial.
Formação de palavras.

Descrição

Tira de pano de 10 cm x 1 m recoberta com plástico transparente, costurada nas laterais, na parte inferior e no sentido vertical, a fim de formar os bolsos para guardar as letras em ordem alfabética. As letras, de preferência grandes, são recortadas de revistas e coladas em pedaços de cartolina.

Possibilidades de Exploração

- Misturar as letras e pedir às crianças que as guardem nos respectivos lugares.
- Formar palavras com as letras, pegando cada letra no respectivo bolso.
- Com os olhos fechados, tentar encontrar o lugar de cada letra.

Atividades Complementares

- Escrever a primeira letra do próprio nome e colocá-la no bolso correspondente da tira.

Atividades Gráficas

Escrever o próprio nome em papel quadriculado, ora em sentido horizontal, ora em sentido vertical, formando um desenho.

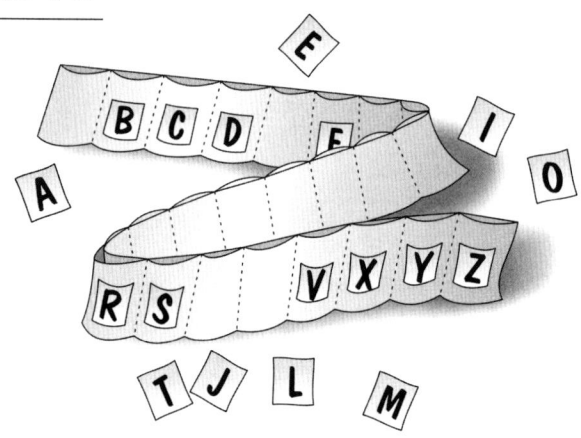

Para Reflexão

Algumas sugestões para estimular a linguagem das crianças em situações de sala de aula: narrar histórias, memorizar letras de músicas ou poesias, fazer brincadeiras de encontrar rimas, descrever figuras, relatar acontecimentos e planejar atividades. Destinar todos os dias um horário para que as crianças contem alguma coisa, e outro para que façam comentários sobre os acontecimentos do dia.

Completando Palavras

Estimula

Alfabetização.
Reconhecimento de letras.
Formação de palavras.
Vocabulário.

Descrição

Cartelas de cartolina com desenhos ou figuras coladas. As figuras correspondem a palavras com seis letras. No verso de cada cartela está escrito o nome da figura. Trinta e seis cartelinhas com as letras que compõem as palavras.

Possibilidades de Exploração

- Distribuir as cartelas entre os participantes, que deverão deixá-las com as figuras voltadas para cima. Colocar todas as letras voltadas para baixo e pedir aos jogadores que peguem seis letras cada um. Cada jogador tenta formar a palavra referente à sua cartela e depois separa as letras que não vai usar, para trocá-las com seus colegas, da seguinte maneira: todas as letras que sobraram ficam voltadas para baixo; cada jogador pode pegar uma letra do seu colega da direita e deixar que o colega da esquerda escolha uma das suas.
- Vence o jogo quem primeiro conseguir formar a sua palavra.
- Jogar como "Jogo de Loto".
- Distribuir as letras entre as crianças e ver quem consegue formar mais palavras ou quem faz a palavra com maior número de letras.

   Observação: para jogar com maior número de participantes basta aumentar o número de figuras e de letras. Para fazer o jogo se tornar mais fácil, poderão ser escolhidas palavras de apenas quatro letras.

Atividades Complementares

⋄ Sortear uma cartelinha e dizer uma palavra que comece com a mesma letra da figura representada.

Atividades Gráficas

Sortear palavras do jogo e copiá-las, fazer ditado entre as crianças (uma dita para a outra).

Para Reflexão

A autoimagem positiva contribui para o desempenho social da criança, e o desenvolvimento do espírito de cooperação contribui para a formação de uma autoimagem positiva. Os comportamentos destrutivos, em relação a outras crianças ou adultos, podem ser consequência da frustração e do tédio com que algumas crianças se confrontam na rotina escolar. As crianças, intelectualmente desafiadas, não se entediam; quando as atividades estão em nível alto demais ou demasiadamente baixo, não despertam interesse, mas, quando atendem às necessidades características do estágio em que se encontram, a concentração da atenção é intensa (um exemplo disso é o que acontece com as crianças brincando nas brinquedotecas).

Qual É a Palavra?

Estimula

Formação de palavras.
Pensamento lógico.
Criatividade.
Controle de movimentos.

Descrição

Canudo de cartão e seis tiras de papel com letras, que giram em torno do canudo. As tiras podem ter aproximadamente 14x3,5 cm, dependendo da largura do canudo. O mesmo jogo pode ser feito com sílabas no lugar de letras.

Possibilidades de Exploração

• Girar as tiras para formar palavras.
• Copiar as palavras formadas para verificar quantas foram.
• Criar novas palavras e fazer novas tiras com letras.

Atividades Complementares

⋄ Escrever palavras na lousa e pedir aos alunos que digam quantas letras cada palavra tem e, depois, as soletrem, dizendo alto o nome de cada letra.

Atividades Gráficas

Escrever o nome de dez objetos encontrados na sala de aula.

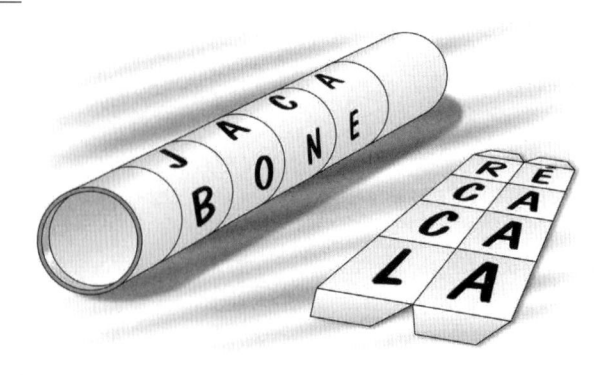

Para Reflexão

Como diz Emília Ferrero: "a aprendizagem da linguagem escrita é muito mais que a aprendizagem de um código de transcrição: é a construção de um sistema de representação". Essa construção começa quando a criança faz de conta que escreve, quando ela tenta representar o que quer dizer. Se o professor souber observar quais as hipóteses que a criança formulou para elaborar a sua escrita, poderá ajudá-la usando a motivação que manifestou, e partindo do estágio em que ela demonstrou se encontrar. Por essa razão, é importante que o professor tenha condições para acompanhar individualmente o processo de alfabetização de seus alunos e que esteja preparado para valorizar todas as suas tentativas de escrever, sem jamais desanimá-los dizendo que sua escrita está errada, o que certamente iria inibir as próximas tentativas.

Dominó de Sons Iniciais

Estimula

Atenção.
Pensamento.
Discriminação auditiva.

Descrição

Cinquenta e seis dominós de cartolina com figurinhas recortadas de livros didáticos descartáveis. As figuras representam palavras que começam com sons semelhantes. (Exemplo: boné - boneca, jarra - jacaré, bota - bola, uva - unha, cama - casa, lápis - laço, lua - luva, maçã - macaco, cachorro - cavalo, livro - linha, carro - caminhão, foca - fogão.)

Possibilidades de Exploração

♦ Jogar como dominó, valendo como a próxima peça a figura cuja palavra comece com o mesmo som.

Atividades Complementares

✧ Perguntar às crianças sobre como ficariam certas palavras se fosse retirada uma sílaba. (Exemplo: como ficaria boneca sem o "ne"?
e se tirássemos o "ca"?
e cadeira sem o "dei"?
e armário sem o "ar"?
e arma mais "rio"?
e pato com "sa" antes da palavra?
e tomate sem o "to"?
e cebola sem o "ce"?)

Atividades Gráficas

Escrever cinco palavras que comecem com o mesmo som.

Para Reflexão

O diálogo é um fator muito importante para que a criança se sociabilize, e ele deve ser estimulado pelo professor. Manifestar opiniões, ouvir o que os colegas pensam, saber o que os outros presenciaram são formas de alargar os horizontes e de elaborar emoções. Dentro de uma situação informal de conversação, podem emergir assuntos que merecem ser abordados através de uma troca de ideias, mas convém cuidar para que os mais tímidos também tenham a sua vez de falar. Ninguém deve ser obrigado, mas em todas as vezes que a conversa acontecer, deve-se abrir espaço para aqueles que não conseguem se expressar; a participação, ainda que silenciosa, é benéfica, e vai chegar o dia em que todos vão se encorajar a manifestar
sua opinião.

Achei!

Estimula

Discriminação visual.
Reconhecimento de palavras.
Destreza.
Sociabilidade.

Descrição

Folha de cartolina, colada em cartão duro, na qual estão escritas 50 palavras correspondentes a 50 cartelinhas com desenhos.
Tampas de duas cores, uma para cada grupo.
Um saquinho para misturar as cartelinhas.

Possibilidades de Exploração

♦ Cada jogador segura uma tampa da cor escolhida pelo grupo ao qual pertence. Sorteada uma figurinha, quem primeiro conseguir localizar o nome escrito da figura deverá cobri-la com sua tampa. Se acertar ganha a figurinha. Ganhará o jogo o grupo que obtiver maior número de figurinhas.

Atividades Complementares

✧ Divida a classe em quatro grupos e dê aos grupos as seguintes instruções: "Nós vamos inventar uma história. Um grupo vai dizer o nome de uma pessoa ou animal, outro grupo vai dizer o que essa pessoa fez. O terceiro grupo vai dizer onde aquela pessoa fez aquilo e o último vai dizer quando foi que aquela pessoa fez aquilo". Essa brincadeira deve continuar alternando-se os grupos que devem dizer o sujeito, a ação, o lugar e o momento.

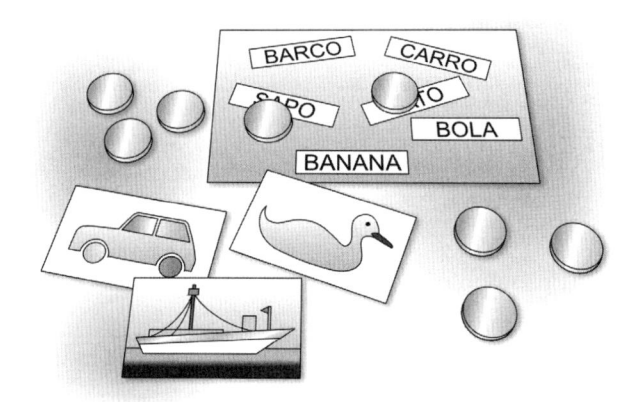

Atividades Gráficas

Desenhar três cenas (que poderão ser figuras em quadrinhos). Começar por desenhar um personagem qualquer, depois desenhar o personagem em algum lugar; em seguida desenhá-lo fazendo alguma coisa nesse lugar, completando assim a sequência: quem, onde, fazendo o quê?

Para Reflexão

A imposição de uma linguagem verbal pré-fabricada pode provocar o entorpecimento da curiosidade e da iniciativa. Quando impomos à criança uma linguagem socialmente correta podemos estar bloqueando sua expressão e causando inibição do processo de comunicação como um todo. Também existe o risco de estarmos instituindo hábitos verbais no lugar de pensamento crítico e criativo.

Valendo a Palavra...

Estimula

Alfabetização.
Reconhecimento de letras.
Formação de palavras.
Vocabulário.
Pensamento.
Conhecimento de ortografia.

Descrição

Dez cartelas, cada uma com uma figura na frente e a palavra correspondente escrita no verso. Noventa cartelinhas com as letras do alfabeto: três alfabetos completos mais cinco de cada vogal.

Possibilidades de Exploração

♦ 1 - Distribuir as letras entre os participantes do jogo. Sortear uma figura e colocá-la no centro da mesa; cada jogador, à sua vez, deverá colocar uma letra embaixo da figura, na sequência certa, para formar a palavra referente a ela. Quem não tiver passa a vez. Formada a palavra, sorteia-se outra figura. Vence o jogo quem terminar suas letras primeiro ou quem tiver menor número de letras quando acabarem as figuras.

♦ 2 - Cada jogador pega uma cartela, vê a palavra escrita atrás dela e deixa a figura voltada para cima, à sua frente. Depois, cada um pega, sem olhar, oito letras, com as quais tentará formar a palavra relativa à figura que lhe coube. As letras que sobraram ficarão voltadas para baixo, em cima da mesa, para que possam ser trocadas com seus colegas, da seguinte maneira: pega uma letra do vizinho da direita e tenta completar sua palavra; se conseguir vence o jogo, se não conseguir continua oferecendo suas letras avulsas para que o colega da esquerda escolha uma (também sem vê-la).

♦ 3 - Distribuir as letras entre as crianças e ver quem consegue formar maior número de palavras.

♦ 4 - Distribuir as letras e verificar quem consegue fazer a palavra mais comprida, ou seja, com o maior número de letras.

Atividades Complementares

✧ Cortar pedacinhos de cartolina e fazer coleções de abecedários, desenhando uma letra em cada pedacinho.
✧ Formar o seu nome utilizando as letras.

Atividades Gráficas

Escrever as palavras que foram formadas durante os jogos.

Para Reflexão

Uma das vantagens do aprendizado alcançado através de um brinquedo é o fato de que os enganos cometidos não são considerados erros, mas etapas do processo de descoberta da resposta certa. A exigência de determinados resultados pode transformar uma atividade agradável em tarefa desagradável. Se a criança puder experimentar livremente, sem medo de errar, terá maior chance de acertar e maior motivação para continuar.

Quantas Palavras?

Estimula

Alfabetização.
Composição de palavras.

Descrição

Tampinhas de garrafa de água contendo círculos de cartolina com algumas sílabas e letras.

Possibilidades de Exploração

• Colocar as tampas dentro de um saco, retirar um punhado e verificar quantas palavras podem ser formadas.

Atividades Complementares

✧ Cada jogador, à sua vez, retira um punhado de tampas e anota quantas palavras consegue formar. As palavras unissílabas valem 10, as dissílabas valem 20 e as trissílabas valem 30. Quem fizer mais pontos vence.

Atividades Gráficas

As crianças, aos pares, brincam de "forca", isto é, cada criança tem seu pedaço de papel onde desenha uma forca e a primeira letra da palavra que ela escolheu, seguida do número de tracinhos correspondentes ao de cada letra da palavra escolhida. Cada letra certa, dita pelo colega, será escrita sobre o tracinho correspondente. A cada letra errada, a criança desenha uma parte do corpo humano do colega "pendurado na forca".

Para Reflexão

Escrever palavras não significa estar alfabetizado. Algumas crianças chegam a escrever folhas inteiras com uma bonita caligrafia sem saber o que estão escrevendo. A escrita pode ser apenas uma forma de desenho, pois a criança que tem uma boa coordenação visomotora pode ter desenvolvido a habilidade de "desenhar" bem as letras, o que não significa que, por escrever palavras, saiba o significado do que está escrevendo. Através de jogos com letras, o processo de leitura pode ser bastante facilitado.

Descubra a Palavra

Estimula

Alfabetização.
Pensamento lógico.

Descrição

Caixas de fósforos, recobertas com papel *contact* ou fantasia, onde estão guardadas cartelinhas com sílabas que compõem uma palavra.

Escrever novas palavras partindo das sílabas contidas nas caixinhas.
Escrever as palavras formadas, relacionando as que têm o mesmo número de sílabas.

Possibilidades de Exploração

♦ Distribuir as caixinhas para que descubram qual a palavra que pode ser formada com aquelas sílabas.

Atividades Complementares

◇ Dizer outras palavras que comecem com a sílaba inicial da palavra contida na sua caixinha.
◇ Dizer palavras que tenham o mesmo número de sílabas.
◇ Dizer outras palavras que terminem com a mesma sílaba.
◇ Fazer o mesmo tipo de atividade colocando palavras divididas em letras, o que tornará o exercício mais difícil.

Para Reflexão

Brincar, correr, cantar são atividades naturais que dão prazer à criança e que trazem em si mesmas a recompensa desejada; é importante não poluí-las introduzindo comparações, tais como quem corre mais ou quem canta melhor, para não estimular a competitividade em situações nas quais o simples prazer de participar é o bastante. Dentro de um ambiente competitivo, a atenção ou o afeto do professor não podem neutralizar a consequência do fracasso que, certamente, será uma interferência negativa para o processo de formação de um autoconceito positivo.

Atividades Gráficas

Copiar as palavras formadas, depois trocar de caixinha com os colegas, descobrir outras palavras e copiá-las.

Baralho de Sílabas

Estimula

Formação de palavras.
Composição e decomposição.

Descrição

Cento e cinco cartelinhas (5x7 cm) contendo: vogais (três vezes cada uma) e sílabas simples (uma de cada).

Possibilidades de Exploração

- Virar todas as cartelinhas para baixo e misturá-las. Distribuir cinco cartelinhas entre os participantes e deixar as outras viradas para baixo na mesa. Cada jogador, à sua vez, poderá formar uma palavra e colocá-la na mesa. Se não tiver sílabas suficientes, deverá comprar uma da mesa e aguardar a próxima vez para colocar a palavra que conseguir formar. Vencerá quem conseguir terminar suas cartelinhas primeiro.

Atividades Complementares

- Dizer uma palavra que o grupo deverá repetir de forma lenta e cadenciada, salientando cada sílaba.
- Representar o tamanho da palavra, desenhando na lousa um traço para cada sílaba. (Exemplo: para banana _ _ _; para bola _ _ , e assim por diante.)
- Pensando em uma palavra, mas sem pronunciá-la, fazer os traços correspondentes para que os colegas digam qual a palavra que poderia caber naquele espaço.

Atividades Gráficas

Escolher sílabas, formar palavras e copiar as palavras no caderno.

Para Reflexão

O professor que está realmente interessado em tornar-se um facilitador do processo de aprendizagem precisa, antes de mais nada, ser capaz de aprender a criança. Somente depois de conhecer suas necessidades, poderá criar as situações que irão proporcionar aprendizagens. Terá de contar com o desejo do aluno para realizar descobertas e poderá participar das atividades como um colaborador que também é integrante do grupo. A melhor contribuição que o educador pode dar é fazer com que as crianças mantenham sua curiosidade natural e considerem o processo de aquisição de conhecimento uma aventura empolgante.

Verdade ou Mentira?

Estimula

Alfabetização.
Pensamento.
Capacidade de crítica.
Formulação de conceitos.

Descrição

Vinte cartelas com frases incompletas, 30 cartelinhas com os complementos das frases e uma sacolinha para misturar as cartelinhas e as cartelas. As frases são as seguintes: "O açúcar é...", "O limão é...", "A banana é...", "A menina é...", "O carvão é...", "O tomate é...", "A vaca dá...", "A gemado ovo é...", "O tigre é...", "O edifício é...", "O avião é...", "O cachorro é...", "O quebra-cabeça é...", "O tapete é...", "O travesseiro é...", "O gelo é...", "O fogo é...", "A flor é...", "O gramado é...", "O sorvete é...". Os complementos são os seguintes: doce, azedo, gostosa, bonita, preto, vermelho, verde, amarela, leite, feroz, alto, veloz, animal, difícil, macio, fofo, frio, quente, perfumada, gelado, gostoso, branco, alimento, manso, azul, duro, salgado, roxa, mole, lento.

Possibilidades de Exploração

♦ Sortear uma cartela e uma cartelinha e ler o que está escrito para ver se o complemento é verdadeiro para a frase. As crianças deverão dizer se é verdade ou mentira a afirmação efetuada. [Exemplo: "O açúcar é... azedo" (mentira). Quando a resposta é mentira, passa a vez. Quem sortear a resposta VERDADE ganha a cartela.]

♦ Vence quem conseguir maior número de cartelas.

Atividades Complementares

✧ Fazer grupos de três a cinco crianças e pedir-lhes que escrevam uma "carta enigmática", ou seja, misturem palavras com símbolos e desenhos. Pedir que troquem as cartas para tentar decifrar as cartas dos colegas.

Atividades Gráficas

Sortear algumas cartelas e copiar a frase citada, completando-a corretamente.

Para Reflexão

A maneira como as crianças reagem às atitudes de outras crianças pode ter uma grande influência sobre a formação de seu autoconceito. Quando a criança sente que não é aceita, pode criar uma imagem negativa e ter comportamentos negativos que dificultarão sua aprendizagem.

Bilhetinhos Embaralhados

Estimula

Pensamento.
Leitura.
Noção de estruturação frasal.
Ordenação de sentenças.
Composição e decomposição.

Descrição

Envelopes feitos de cartolina colorida na quantidade equivalente ao número de crianças participantes. Frases escritas em tiras de cartolina branca recortadas de forma a separar cada palavra. Em cada envelope são colocados os pedaços de cartolina com as palavras que formam uma sentença completa.

Possibilidades de Exploração

♦ Sortear um envelope e formar a sentença ordenando as palavras nele contidas. Guardar novamente os pedacinhos no envelope e passá-lo para outro colega.

Atividades Complementares

⋄ Procurar em folhas de revistas (ou livros) ações que tenham acontecido no passado, no presente, ou que poderão ocorrer no futuro.
⋄ Dizer uma frase no presente e repeti-la como se tivesse acontecido no passado e depois no futuro.

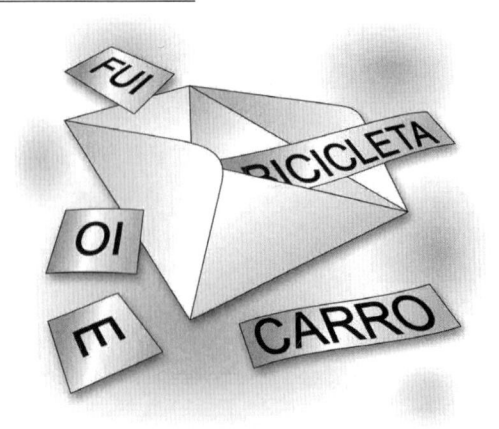

Atividades Gráficas

Copiar as sentenças formadas.

Para Reflexão

As crianças que não convivem com pessoas que tenham hábito da leitura podem precisar de motivação para serem despertadas para o prazer que a leitura pode proporcionar. Nas cidades grandes, existe maior convivência com letras e palavras; as crianças que vivem entre pessoas que leem jornais, livros ou revistas já estão naturalmente motivadas, porque ficam curiosas em saber o que os outros estão lendo. Para que o processo de alfabetização aconteça tranquilamente, é preciso que ele seja desejado pela criança. Se ela não estiver interessada ou curiosa por entender o que está escrito, a alfabetização será uma tarefa muito cansativa e cheia de frustrações.

Dominó Complete a Frase

Estimula

Alfabetização.
Desenvolvimento do pensamento.
Interpretação de leitura.

Descrição

Vinte e oito dominós feitos de cartolina, em pedaços de 5x10 cm. Em cada parte dos dominós está escrita a metade de uma frase, sendo que na segunda metade estão o sujeito e o verbo, e na primeira metade o complemento da frase anterior. As frases podem ser as seguintes: O menino joga... bola. A laranja é... gostosa. O peixe nada no... aquário. O vestido é da... menina. O gato é... peludo. A galinha põe... ovos. A vaca dá o... leite. O cavalo puxa a... carroça. Paulo descascou a... banana. O gelo é..., e assim por diante.

Possibilidades de Exploração

• Jogar como dominó: distribuir as peças entre os participantes. Cada um, à sua vez, deverá colocar uma peça contendo um complemento que faça sentido com o que está escrito no dominó anterior. Quem não tiver essas peças passa a vez, e quem terminar suas peças primeiro ganha o jogo.

Atividades Complementares

⋄ Dizer frases para que as crianças digam "de outro jeito". [Exemplo: "A fruta é cor de tomate" (A fruta é vermelha); "A árvore é do tamanho de um arranha-céu" (A árvore é grande).]

Atividades Gráficas

Sortear três dominós e escrever as frases completas.

Para Reflexão

Nada melhor para estimular o desenvolvimento de uma criança do que um adulto disposto a prestar atenção ao que ela diz. Valorizar os relatos da criança significa ouvir com interesse, mas sem corrigi-la. Fazer perguntas, aceitar e ouvir suas respostas, por mais fantasiosas que sejam. Para ensinar uma criança a falar corretamente, basta fornecer-lhe um bom modelo, falando corretamente com ela; chamar a atenção para os erros que comete é inibir sua fluência e aumentar sua insegurança na verbalização.

Jogo de Gramática

Estimula

Enriquecimento de vocabulário.
Composição de frases.
Conscientização dos componentes da frase, segundo as categorias gramaticais.
Concordância gramatical.
Sociabilização.

Descrição

Palavras de revistas coladas em pedaços de cartolina, de tamanho correspondente e de acordo com os seguintes critérios: os verbos em cartolina branca, os substantivos em cartolina verde e os adjetivos em cartolina rosa.

Possibilidades de Exploração

♦ Sortear uma palavra de cada categoria gramatical, pegando uma de cada cor.
♦ Formar uma frase com as palavras sorteadas, completando com outros elementos necessários (artigos etc.).

Atividades Complementares

✧ Utilizando o mesmo material, dividir os participantes em dois grupos. Cada grupo pega três palavras de cada cor e procura formar frases.
✧ Vencerá o grupo que conseguir formar maior número de frases.

Atividades Gráficas

Escolhido um texto, sublinhar todos os substantivos com canetinha verde e os adjetivos com canetinha rosa.

Para Reflexão

Se quisermos induzir as crianças a se tornarem leitores interessados, nossos métodos de ensino devem estar em concordância com a riqueza do vocabulário falado pela criança, com sua inteligência, com sua curiosidade natural, sua ânsia de aprender novas coisas e de satisfazer sua imaginação. O gosto pela leitura, assim como o gosto pela música, deve começar atendendo às preferências e ao interesse da criança; a opção pela qualidade virá com o tempo, como uma consequência natural da evolução de um processo de aperfeiçoamento.

Dominó dos Artigos

Estímulo

Alfabetização.
Noção de concordância gramatical.
Pensamento.

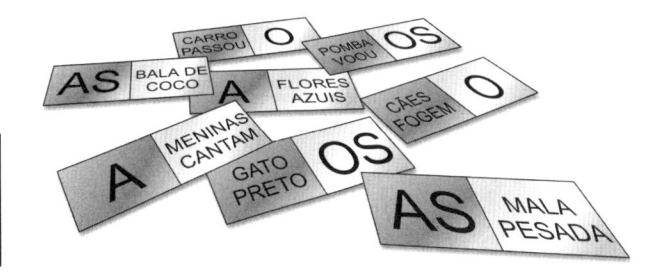

Descrição

Vinte e oito "dominós" de cartolina, de aproximadamente 5x10 cm. De um lado de cada peça está escrito um artigo, do outro um substantivo e um adjetivo ou um verbo. (Exemplo: Os meninos brincam. A bicicleta é azul. As laranjas são boas. Um bolo de chocolate. Umas balas gostosas. O cachorro preto, e assim por diante.)

Possibilidades de Exploração

- Jogar como dominó: distribuir as peças entre os participantes; cada jogador deverá colocar uma peça que contenha as palavras que completarão o artigo escrito na última peça colocada.
- Vencerá quem conseguir terminar primeiro todos os seus "dominós".

Atividades Complementares

- Formar grupos de aproximadamente quatro crianças. Cada grupo irá criar um "código secreto" para escrever palavras que o outro grupo deverá adivinhar. O código é feito atribuindo-se um número a cada uma das vogais. (Exemplo: A=3, E=5, I=I, O=7 e U=4. A palavra SAPATO será escrita da seguinte forma: S3P3T7. O outro grupo deverá descobrir qual é a palavra e qual foi o código utilizado.

Atividades Gráficas

Escrever palavras corretamente e em seguida escrevê-las no "código secreto" inventado.

Para Reflexão

A comunicação pode acontecer através de quatro meios de expressão: linguagem corporal (gestos, expressões faciais ou posturas corporais), sinais gráficos ou desenhos, fala e escrita. Para que a criança possa alcançar um bom nível de comunicação, é conveniente proporcionar-lhe atividades que abordem todas essas formas de expressão, não somente em nível de emissão de mensagem mas também de captação da mensagem dos outros.

Matemática

Se pensar pode ser divertido e natural, apreciar a matemática também o pode. A observação das peculiaridades da matemática pode se tornar um incentivo ao seu estudo. Desafios contidos em situações lúdicas, como jogos e brincadeiras, podem ajudar a criança não só a construir seu conhecimento matemático, mas a sentir-se desafiada por problemas e enigmas.

A descoberta de propriedades e a busca de soluções podem proporcionar à criança o prazer da sua própria aprendizagem. Vivendo experiências de comparar, selecionar, classificar e organizar, a criança adquire noções e forma conceitos sobre os objetos e o mundo que a rodeia, enriquecendo seu pensamento e adquirindo subsídios para sua aprendizagem.

O medo que a matemática despertava estava relacionado com a maneira como era ensinada e com as dificuldades ocasionadas pela imposição de tarefas relacionadas a conceitos que, por não terem sido vivenciados de forma concreta, não haviam sido assimilados e, portanto, não constituíam alicerce para a realização das operações matemáticas.

A insegurança que pode acontecer no desempenho de tarefas escolares e o medo de errar e ser punido por isso são substituídos pelo entusiasmo provocado pela alegria de participar de um jogo ou de uma brincadeira. A competição, mantida dentro dos limites adequados, faz com que a criança use suas potencialidades em seu mais alto nível de funcionamento.

O gosto pela matemática pode ser uma consequência natural da evolução do pensamento lógico, assimilado por meio de experiências ricas e criativas.

Ábaco

Estimula

Ordenação de quantidades.
Manipulação de quantidades até dez.
Orientação espacial.
Organização vertical e horizontal.
Relação espaço-quantidade.

Descrição

Cinquenta e cinco caixas de fósforos vazias, agrupadas em quantidades de um a dez. As caixas foram agrupadas com durex ou papel colorido. Os números de 1 a 10 foram recortados de um calendário e colados nas caixinhas.

Observação: também se pode fazer o mesmo exercício com as caixinhas soltas.

Possibilidades de Exploração

- Formar uma escadinha partindo de uma caixa e acrescentar nas fileiras seguintes sempre uma caixa a mais, chegando até dez caixas.
- Posteriormente, formar a escada descendente partindo de dez caixinhas até chegar a uma.
- Colocar o numeral sobre a quantidade correspondente de caixinhas.
- Retirar a parte de dentro de todas as caixinhas e ordená-las, fazendo a sequência de quantidade horizontal.

Atividades Complementares

- Fazer um jogo arranjando um marcador para cada participante (poderá ser uma tampinha colorida) e um dado. Colocar uma bandeirinha brasileira presa num palito e fixada a uma caixa de fósforos no alto do ábaco.
- Cada participante, à sua vez, joga o dado duas vezes: o primeiro resultado indica pontos positivos e o segundo pontos negativos, ou seja, pontos a serem subtraídos. Se o saldo for positivo, o jogador sobe os números correspondentes de degraus do ábaco, se for negativo, "escorrega", ou seja, volta para trás. O primeiro a chegar ao topo ganha o jogo e a bandeirinha.

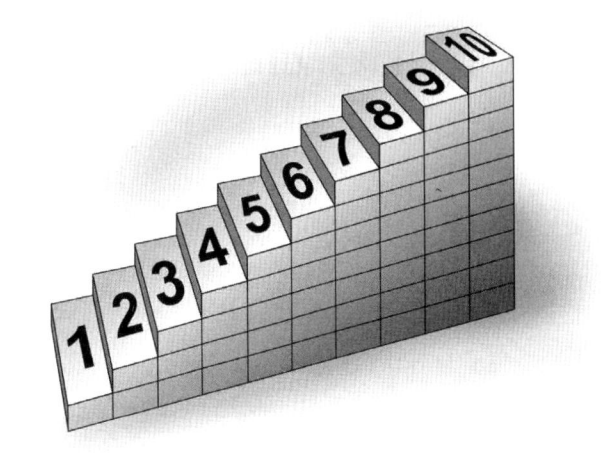

Atividades Gráficas

Desenhar uma sequência de pequenos objetos em que cada quantidade tenha uma qualidade diferente de objetos.

Para Reflexão

Todos os sistemas de numeração estão baseados em operações de seriação, na medida em que cada número tem significação e é determinado por sua posição relativa no sistema sequencial. Da mesma forma, conceitos matemáticos como "maior do que" ou "menor do que" implicam sequência ordenada e inferência lógica: se A é maior do que B e se B é maior do que C, então A é maior do que C, coisa que é reconhecida pela criança como válida e necessária desde que a operação de seriação esteja integralmente desenvolvida. (Hans Furth e Harry Wachs)

Dominó de Números

Estimula

Reconhecimento de numerais.
Noção de adição e de subtração.
Desenvolvimento do pensamento.

Descrição

Vinte e oito cartelinhas de aproximadamente 6x12 cm, com dois números em cada uma. Números de 0 a 9 (recortados de folhas de calendário), na quantidade de quatro de cada, foram colados nas duas partes dos dominós, seguindo as mesmas características do "Jogo de Dominó".

Possibilidades de Exploração

- Jogar como dominó, associando os números iguais.

Atividades Complementares

- Mudar a regra do jogo e, em vez de colocar números iguais para dar continuidade ao jogo, deliberar criando uma opção. (Exemplo: só vale "mais dois"; então, para dar seguimento ao dominó que está com o número 4, terá de ser colocado o número 6.)
- Fazer a mesma coisa utilizando a subtração. (Exemplo: só vale "menos 3". Quando a operação não for possível, por exemplo 2 – 3, vale o resultado mais próximo.)

Atividades Gráficas

Criar um "Jogo de Dominó". Planejar como os 28 retângulos de papel podem ser feitos, riscar com a régua os retângulos, recortá-los e fazer desenhos partindo da imitação de um dominó comum.

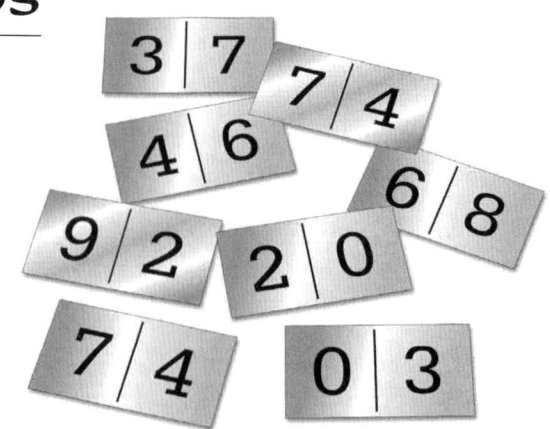

Para Reflexão

Para que as atividades propostas para a criança tenham valor, elas precisam ser desafiantes, provocar desenvolvimento e estimular a inteligência. Entretanto, é importante salientar o fato de que não poderão distanciar-se do nível do potencial da criança; caso contrário, poderão levá-la a fracassar, a desistir ou a utilizar mecanismos não desejáveis, para fugir à ameaça de fracasso. A pessoa que interage com as crianças, seja nas situações de jogo ou na proposição de tarefas escolares, precisa ter sensibilidade e conhecimento suficientes para saber até onde deve levar o desafio contido na atividade e quando é hora de intervir facilitando o processo. Para salvaguardar o autoconceito positivo da criança, manter sua motivação e o funcionamento de seu pensamento em alto nível, o educador precisa, além de sensibilidade e conhecimento, ter uma grande vontade de ajudar a criança e dedicar muito interesse pelo momento que ela está vivendo. É importante não negligenciar os aspectos emocionais da aprendizagem.

Dominó Diferente

Estimula

Pensamento lógico.
Noção de adição.

Descrição

"Jogo de Dominó" feito com 28 caixas de fósforos.

Possibilidades de Exploração

- Distribuir as peças entre os jogadores e deixar uma peça no meio da mesa. O primeiro jogador deverá colocar uma peça cujos pontos, somados aos da peça na extremidade do dominó, somem o total 6. (Exemplo: se a última peça tiver 4, deverá ser colocada uma peça com 2, para que juntas formem o total 6.)

Atividades Complementares

- Fazer com as mãos um jogo de "Sempre Sete": uma criança mostra a mão com alguns dedos escondidos (dobrados para dentro). Outra criança deverá mostrar os dedos que, somados aos do colega, totalizem a quantidade 7.
- Fazer o mesmo jogo, mas variando a quantidade, de acordo com o comando da professora. Esta fala um número e as crianças levantam as mãos, mostrando a quantidade solicitada.

Atividades Gráficas

Escrever uma coluna com dez números no sentido vertical. Quando tiverem terminado, a professora diz um número e os alunos terão de complementar o número escrito de forma a totalizar a quantidade nomeada. Se o número dito pela professora for maior do que o escrito pela criança, esta deverá escrever a operação de subtração ao invés da soma para alcançar o número solicitado. (Exemplo: se a criança escreveu 7 e a professora pediu 5, a continha escrita deverá ser 7 - 2 = 5.)

Para Reflexão

A agilidade mental pode ser estimulada através de brincadeiras com números. A habilidade para fazer cálculos, por exemplo, é de grande utilidade na vida prática. O uso constante de máquinas de calcular faz com que as pessoas percam o hábito de tentar raciocinar, mas esta habilidade, como tantas outras, pode ser desenvolvida através de exercícios e brincadeiras descontraídas.

Brincando com Números

Estimula

Pensamento lógico.
Relativização do numeral.
Cálculo mental.

Descrição

Plástico de garrafas flexíveis, cortado em quadradinhos de 3x3 cm, nos quais foram colados números retirados de um calendário, presos com durex ou papel *contact* transparente.

Possibilidades de Exploração

- Fazer a ordenação crescente e decrescente dos números.
- Classificar os números em pares e ímpares; separá-los em dois círculos ou recipientes diferentes.
- Organizar uma sequência numérica e, em seguida, virar para baixo todos os múltiplos de 5, múltiplos de 3 etc.
- Fazer uma sequência na qual alguns números estão voltados para baixo e dizer quais são.
- Inventar somas, subtrações, multiplicações e divisões montando tabuadas.
- Sortear três algarismos e descobrir quantos números podem ser compostos com eles (cada criança forma seus números e vai anotando para verificar quantos conseguiu fazer).
- Juntar duas coleções e jogar como "Jogo da Memória".
- Espalhar os números em cima da mesa e pedir às crianças que os encontrem. (Exemplo: números que terminem com 5, números pares entre 10 e 20, o vizinho do número 18, o antecedente do número 9, dois números múltiplos, dois números em que um seja a metade do outro, um número que somado com 3 dê 9, um número que menos 2 seja 4, e assim por diante.)
- Fazer um número com três algarismos. Trocar um número com um colega e ler o novo número composto.

Atividades Gráficas

✧ Escrever a sequência numérica até onde souber.

Para Reflexão

A base para a compreensão do conceito de NÚMERO são as experiências de contagem, combinação, agrupamento e comparação. Sem uma boa assimilação do conceito de número não é possível a realização das operações matemáticas. Segundo a teoria de Piaget, existem dois pontos fundamentais no processo de aquisição do conceito de número: a correspondência um a um e a noção de conservação. Para fazer a correspondência um a um, também chamada de correspondência biunívoca, comparam-se as quantidades de dois grupos de objetos, associando-os um a um, para verificar se sobra algum elemento. Para trabalhar a noção de conservação, podem-se organizar experiências, por meio das quais a criança perceba que o número de objetos de um conjunto mantém-se o mesmo, independentemente da maneira como eles possam ser dispostos. (Ver Atividades propostas com tampas de plástico).

Sequência Numérica

Estimula

Reconhecimento de algarismos.
Noção de ordem numérica.
Noção de antecessor/sucessor.
Noção de par ou ímpar.
Descoberta de erro.
Orientação espacial.

Descrição

Retângulo de papel-cartão (quadriculado de 3 em 3 cm). Em cada quadrado foi colocado um número de calendário de 1 a 30. Com outra folha de calendário foram feitas 30 cartelinhas com os mesmos números.

Possibilidades de Exploração

- Colocar os numerais em cima dos iguais na cartela.
- Colocar as cartelinhas em ordem numérica sem seguir um modelo.
- Colocar alguns números em posição errada dentro da sequência, para que a criança descubra quais são.
- Virar todos os números pares para baixo.
- Virar os múltiplos de 3.
- Virar os múltiplos de 4.
- Virar alguns números para baixo e perguntar quais são eles.
- Virar os algarismos que estão antes ou depois dos números terminados em 5.
- Virar os algarismos que estão depois do algarismo "tal".
- Montar a sequência de trás para diante.

Atividades Complementares

- Cada criança pergunta ao colega quais são os vizinhos de determinado número. Se ele acertar, faz a mesma pergunta ao outro colega, e assim por diante, sempre oralmente.

Atividades Gráficas

Usando papel quadriculado, desenhar figuras inventando várias maneiras de representar a quantidade 2, a quantidade 3, a quantidade 4, a quantidade 5 e a quantidade 6.

Para Reflexão

Ao mesmo tempo que identificamos alguma coisa, estamos reconhecendo, também, um contexto ao qual essa coisa pertence, o que de certa maneira é um tipo de classificação. Fazer a sequência é introduzir o elemento TEMPO, ou seja, atribuir, dentro de um espaço, uma ordem para as coisas ou acontecimentos. Para que um item seja colocado de maneira correta dentro de uma sequência, é preciso levar em conta os itens vizinhos e suas características.

Sempre 10

Estimula

Pensamento lógico.
Noção de subdivisão.
Composição e decomposição.

Descrição

Caixa com 16 repartições.
Quarenta pequenos objetos (botões, bolinhas, carretéis).

Possibilidades de Exploração

♦ Distribuir as peças de forma diferente em cada uma das quatro colunas, mas de maneira que sempre o total do conteúdo das repartições em cada coluna seja a quantidade 10.

Atividades Complementares

✧ Representar, através dos dedos das mãos, os números solicitados. Uma criança vai à lousa e escreve um número até 30. Os alunos, ou grupos de três componentes cada, deverão juntar os dedos de maneira que os dedos das três crianças somem a quantidade relativa ao número escrito na lousa.

✧ Fazer a mesma coisa aumentando o número escrito na lousa e o número de alunos por grupo.

Atividades Gráficas

Escrever continhas de somar com três parcelas cuja soma seja 10.
Escrever continhas de somar com quatro parcelas cuja soma seja 10.

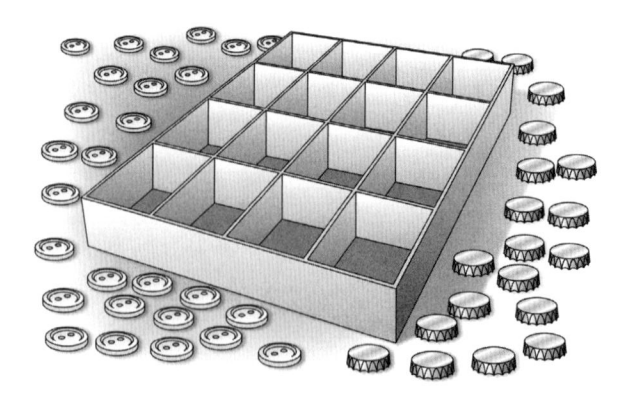

Para Reflexão

Todas as atividades sugeridas para serem efetuadas com números até 10 poderão ser propostas com números maiores, até 20, até 50 ou até 100.
O importante é que sejam oferecidas às crianças bastantes oportunidades de lidar com quantidades em situações diversas. Para não provocar desistência ou tensão, sugere-se o aumento gradual da quantidade. As pressões para alcançar resultado sem tempo determinado podem colidir com o ritmo individual de desempenho da criança e inibir seu raciocínio, assim como a necessidade de vencer o jogo. É conveniente, antes de lidar com quantidades até 10, verificar se a criança domina bem as operações realizadas com quantidades até 5.
Embora a criança conte corretamente até 20 ou mais, isso não significa que ela entenda o que cada número realmente significa, razão pela qual é necessário manipular quantidades bem pequenas, compreendendo as operações envolvidas, para depois aumentar as quantidades a serem trabalhadas.

Dominó Tabuada

Estimula

Concentração da atenção.
Cálculo mental.
Sociabilidade.

Descrição

Vinte e oito peças de dominó feitas em cartolina no tamanho aproximado de 8x4 cm. Cada peça tem o resultado de uma continha de um lado, e a proposta de uma outra do outro.

Possibilidades de Exploração

- Organizar uma sequência com os dominós associando as contas aos seus resultados.
- Jogar como dominó.

Atividades Complementares

- Dobrar uma folha de papel ao meio, no sentido vertical. Mantendo a dobra voltada para o lado esquerdo, desenhar a metade do perfil de uma boneca e depois recortar o papel dobrado. Abrir posteriormente para verificar se o desenho efetuado foi correto, ou seja, se correspondeu à metade para que, quando o papel for aberto, a boneca apareça inteira. Completar a figura colocando os detalhes relativos ao outro lado do corpo.
- Fazer o mesmo desenhando a metade da figura de um homem.

Atividades Gráficas

Representar, através de desenhos, sentenças matemáticas que vão sendo escritas na lousa, tais como 3 x 4, 8 + 4, 12 - 7 etc.

Para Reflexão

A memorização da tabuada através de um jogo como o de dominó, permite que a criança vá tentando acertar e também aprenda com a participação dos outros jogadores, o que é muito conveniente, porque não envolve o tensionamento causado pelo medo de errar. As sentenças matemáticas propostas no jogo acima descrito envolvem operações de adição, de subtração, de multiplicação e de divisão. A variedade foi utilizada para exigir do jogador atenção quanto ao "sinal" indicado na operação. Cada peça pode conter o resultado, por exemplo, de uma operação de multiplicação e a proposta de uma operação de subtração. Quando os alunos já estiverem mais seguros na realização de operações matemáticas pode-se propor uma brincadeira oral na qual uma criança diz uma conta e a outra responde rapidamente dizendo o resultado.

Quadro de Dupla Entrada

Estimula

Pensamento lógico.
Composição e decomposição.
Operações matemáticas.

Descrição

Quadrado de 24 cm de papel-cartão duro, quadriculado de 4 em 4 cm, no total de 36 quadrados (6x6). Quarenta e sete quadradinhos de cartolina, assim distribuídos: três números 1, quatro números 2, quatro números 3, cinco números 4, seis números 5, cinco números 6, quatro números 7, três números 8, dois números 9, dois números 10, dois números 12, dois números 15, um número 16, um número 20, um número 25, um quadradinho com o sinal de adição (+) e outro com o sinal de multiplicação (x).

Possibilidades de Exploração

♦ Colocar o quadradinho com o sinal de adição no canto superior esquerdo do quadrado. Colocar números de 1 a 5 na linha superior e outros números de 1 a 5 na coluna vertical à esquerda. Fazer a operação indicada pelo sinal colocado no canto do quadro, cruzar dois números (um da linha horizontal, outro da vertical) e situar o número correspondente ao resultado da operação no quadrado referente ao encontro das duas linhas. Preencher o quadro todo seguindo os mesmos critérios.
♦ Colocar o sinal de multiplicação no canto superior esquerdo do quadro, números de 1 a 5 na primeira coluna e na primeira linha superior. Preencher a cartela, colocando no encontro das linhas o resultado da operação de multiplicação dos números que foram cruzados.
♦ Alterar a ordem dos números de 1 a 5 da primeira linha horizontal e situar os novos resultados.
♦ Alterar a ordem dos números de 1 a 5 da primeira coluna vertical à esquerda também, e procurar novos resultados.

Atividades Complementares

⋄ Desenhar o mesmo quadro de dupla entrada na lousa e fazer as mesmas atividades com a classe toda, escrevendo os números nos quadrados correspondentes.

Atividades Gráficas

Desenhar um quadrado quadriculado no caderno e inventar combinações para procurar os resultados possíveis.

Para Reflexão

Para que as atividades que requerem raciocínio sejam realmente desafios que provoquem o uso do pensamento em alto nível, sua proposta deve estar adequada aos limites superiores do nível de desempenho da criança.

Some 10

Estimula

Pensamento lógico.
Cálculo mental.
Compreensão dos fatos fundamentais da adição.

Descrição

Uma cartela com 16 quadrados de 4x4 cm, 66 cartões com números impressos com valores de 1 a 7, sendo dezoito vezes o nº 1, dezoito vezes o n° 2, quatorze vezes o n° 3, oito vezes o n° 4, quatro vezes o n° 5, duas vezes o n° 6 e duas vezes o n° 7.

Possibilidades de Exploração

♦ Embaralhar os numerais. Dar três deles a cada competidor, ficando os restantes empilhados sobre a mesa, virados para baixo. O primeiro competidor coloca um de seus numerais num quadrado qualquer e compra um novo. Os demais, pela ordem, colocam os seus em quadrados ainda não ocupados. O jogo prossegue e os participantes procurarão formar, em fileiras horizontais, verticais ou diagonais, o valor total 10. (Exemplo: 1+2+4+3. O competidor que colocar o quarto numeral completando a soma 10 recolhe-os, conservando-os para a contagem final. A próxima jogada será do competidor seguinte. Se o participante não tiver possibilidade de jogar com os numerais que tem, deverá comprar outros novos. Não havendo mais para comprar, a vez passa para o seguinte.) O jogo termina quando um dos competidores não dispuser de números para colocar na cartela. Será vencedor o participante que, ao final, possuir o maior número de numerais em seu poder.

Atividades Complementares

✧ Fazer os quadrados na lousa e colocar números aleatoriamente na primeira fileira de quadrados. Pedir às crianças que sugiram números para serem colocados nos outros quadrados, de forma a somar sempre 10.

Atividades Gráficas

Inventar várias contas cujo resultado seja 10.

Para Reflexão

São as experiências que as crianças vivem no seu cotidiano que irão ajudá-las a formar conceitos de número. Quando lidam com materiais, comparam e constroem, estão acumulando e organizando informações básicas com as quais poderão fazer operações mentais mais tarde. Algumas chegam à escola mais preparadas do que outras nesse aspecto, mas todas precisarão de maior consolidação de experiência concreta ativa, porque é através da intensificação e do aprofundamento da experiência cotidiana, em certas áreas, que os professores podem levar as crianças a organizarem seu pensamento numericamente e a descobrirem que podem usar símbolos para representar esses pensamentos.

Baralho de Somar

Estimula

Cálculo mental.
Sociabilidade.

Descrição

Quarenta e seis cartas de cartolina contendo: quatro vezes os números de 0 a 10 e mais duas cartas com "coringas", que podem ser caretas desenhadas.

Possibilidades de Exploração

- Colocar as cartas empilhadas e voltadas para a mesa. Escolher um número cuja manipulação esteja adequada ao nível de conhecimento dos participantes do jogo. Se o número escolhido for 8, por exemplo, vencerá o jogo quem primeiro conseguir formar a quantidade oito. Os jogadores, à sua vez, vão retirando uma carta da pilha para somar o número representado e verificar se alcançaram o número escolhido. Se a soma ultrapassar o número estipulado, o jogador "estoura", ou seja, sai do jogo por essa rodada.

Observação: o número de participantes pode ser dez, pois, como os participantes vão "estourando", vão ficando poucos jogadores no final.

Atividades Complementares

- Recortar folhas de revistas coloridas fazendo pequenos quadradinhos. Usar os pedacinhos como mosaicos para colar no papel, compondo desenhos.

Atividades Gráficas

Pedir à criança que desenhe uma rua por onde passa em seu caminho para a escola.

Para Reflexão

O professor também deve ser encorajado como pessoa que pensa, pois a escola está a serviço do desenvolvimento do pensamento. Ele pode influenciar o desenvolvimento da inteligência da criança de duas maneiras: proporcionando a ela situações estimulantes e desafiadoras e também fornecendo-lhe um modelo de ser pensante. As atividades estruturadas têm o objetivo de dar segurança e continuidade ao desenvolvimento da inteligência da criança, mas não podem impedir a liberdade individual, que é condição básica para um crescimento psicológico sadio. O professor pode preparar atividades que atendam às necessidades de desenvolvimento e aprendizagem de seus alunos, mas não deve exigir respostas padronizadas, porque as respostas podem variar de acordo com as diferenças individuais e com os diferentes estilos de aprendizagem de cada um.

Aqui É o Número...

Estimula

Noção da constituição do numeral.
Noção de horizontal e vertical.
Noção de unidade e dezena.
Pensamento lógico.
Atenção.

Descrição

Prancha de papel-cartão quadriculado com 10 quadrados na vertical e 10 na horizontal, formando um total de 100 quadrados. Os quadrados da primeira fileira horizontal contêm números de 0 a 9. Os primeiros quadrados da fileira vertical à esquerda, a partir da segunda linha, têm as dezenas de 10 a 90. Noventa e nove quadradinhos de cartolina contendo numerais de 1 a 99.

Possibilidades de Exploração

- Colocar os números no tabuleiro situando-os no lugar certo, ou seja, no encontro da dezena (horizontal) com a unidade (vertical).
- De olhos fechados, apontar o dedo indicador para um determinado quadrado e, olhando a posição do quadrado, dizer qual é o número que corresponde àquele lugar.

Atividades Complementares

✧ Usar como jogo, distribuindo as cartelinhas entre os participantes; jogar uma borracha a uma pequena distância do tabuleiro. Quem tiver o número correspondente ao quadrado onde a borracha cair poderá colocá-lo.

✧ Vencerá quem conseguir colocar primeiro todos os seus números.

Atividades Gráficas

Escrever números em sequência fazendo um círculo em torno dos múltiplos de 5.
Fazer a mesma coisa com múltiplos de 3, 4 etc.

Para Reflexão

As atividades de matemática desenvolvem o raciocínio e utilizam o pensamento lógico, mas se forem enriquecidas com um pouco de criatividade ou afetividade, terão maiores chances de serem assimiladas. A passagem da compreensão por meio de atividades concretas para a compreensão por meio do pensamento abstrato pode ser estimulada por jogos e brincadeiras baseadas em "adivinhações", que, na verdade, são desafios ao pensamento.

Deu 10!

Estimula

Pensamento.
Cálculo mental.
Memória.

Descrição

Números de calendário na seguinte quantidade: dez de cada número de 1 a 5, cinco de cada número de 6 a 9, colados dentro de tampinhas de garrafas de refrigerante.

Possibilidades de Exploração

- Colocar as tampinhas dentro do saco.
- No início do jogo, cada participante retira uma tampinha, olha e a coloca voltada para baixo, escondendo assim o seu número.
- Nas outras rodadas, os números retirados ficarão expostos e o jogador irá somando mentalmente para ver se consegue fazer 10 pontos. Se fizer, ganha o jogo; se passar de 10, "estoura" e sai do jogo; e, se faltar números na próxima rodada, poderá pedir mais.
- Se mais de um jogador fizer 10 pontos, joga mais uma rodada para desempatar.

Atividades Complementares

⋄ Uma criança diz um número (até 10) e outra diz o número que, somado a ele, daria 10.

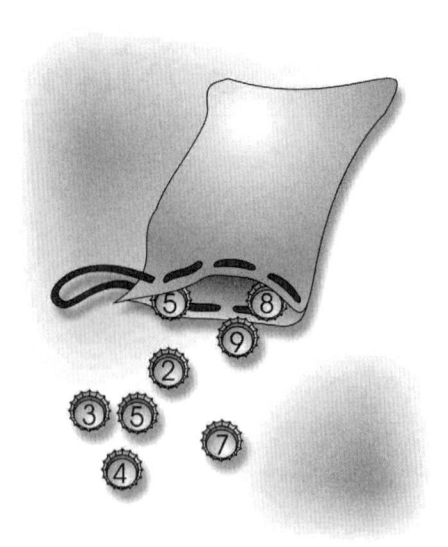

Atividades Gráficas

Cada criança sorteia uma tampinha, escreve o número sorteado em seu caderno e escreve dois números que, somados ao sorteado, formem a mesma quantidade.

Para Reflexão

O conceito de IGUALDADE deve ser estabelecido para cada um dos sistemas de fornecimento de informações: sensório-motor, visual, auditivo, tátil, olfativo e gustativo.

Caixa de Dezenas

Estimula

Contagem.
Aquisição da noção de dezena.
Agrupamento com base dez.

Descrição

Caixa de papelão com repartições.
Quadradinhos de papel com números.
Palitos de sorvete ou canetas usadas (sem carga). Elásticos.

Possibilidades de Exploração

- Contar dez canetas e prendê-las com elástico.
- Deixar vinte avulsas para representar as unidades.
- Colocar uma cartelinha com número em cada repartição da caixa.
- Compor as quantidades equivalentes amarrando as dezenas com elástico e acrescentando as unidades.

Atividades Complementares

⋄ Utilizar as canetas para fazer formas geométricas e verificar quantas canetas são necessárias para fazer um triângulo, um quadrado, um retângulo, um pentágono e um hexágono.
⋄ Dizer quantas canetas são necessárias para fazer dois triângulos.
⋄ Idem para dois quadrados, para três retângulos e assim por diante.
⋄ Dizer quantos quadrados podemos fazer com oito canetas.
⋄ Dizer quantos triângulos podemos fazer com nove canetas.
⋄ Verificar quantas formas geométricas podemos fazer com dez canetas.

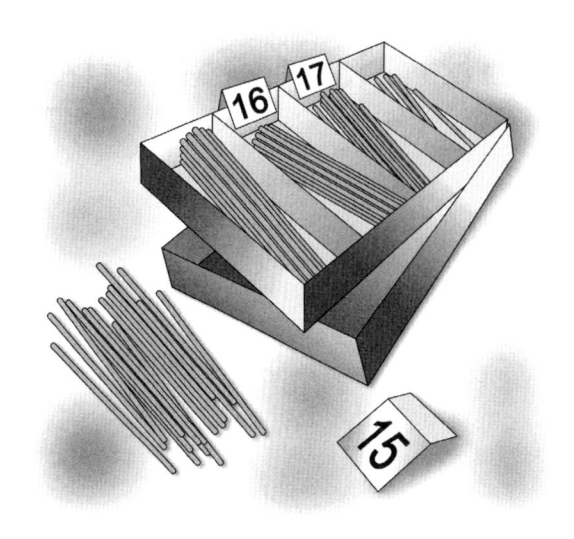

Atividades Gráficas

Desenhar um quadrado, um retângulo e um triângulo.
Fazer outras figuras dentro e em volta das formas desenhadas.

Para Reflexão

Manipulando objetos, contando e comparando quantidades, a criança vai compreendendo os conceitos matemáticos. A introdução dos sinais que simbolizam as relações entre os números (=, +, −, × etc.) deve ser feita quando a criança já vivenciou e entendeu o tipo de operação que esses sinais representam.

Loto de Calcular

Estimula

Cálculo mental.
Concentração da atenção.
Memorização da tabuada.

Descrição

Cartelas de papel-cartão de aproximadamente 12x20 cm, divididas em dez quadrados nos quais foram escritos números de 1 a 90, correspondentes aos resultados das tabuadas de multiplicar misturadas (a quantidade das cartelas pode variar de acordo com o número de participantes desejados). Noventa cartelinhas, cada uma com um número correspondente a uma parcela das tabuadas de multiplicar. (Exemplo: 3x5.)

Possibilidades de Exploração

- Associar cada cartelinha ao número correspondente, isto é, ao resultado da operação proposta.
- Jogar como "Jogo de Loto", sorteando as cartelinhas; quem primeiro completar sua cartela ganha o jogo.
- Jogar em grupo, fazendo com que cada grupo se responsabilize pelo controle de uma ou mais cartelas.

Atividades Complementares

- Sugerir aos alunos que cada grupo crie o seu "Jogo de Loto" variando o tipo de operação proposto, ou seja, fazendo cartelinhas com subtrações, somas e adições. Para que os números fiquem bem escritos, pode ser usado um gabarito de uma régua de números ou então colar números recortados de calendários.

Atividades Gráficas

Escrever uma tabuada colocando o resultado, mas omitindo um número. (Exemplo: 3x...=12.) Trocar de papel com o colega ao lado para que um complete a tabuada do outro.

Para Reflexão

Embora seja importante a memorização da tabuada, é imprescindível que a criança entenda o que ela significa. Sem uma iniciação através de atividades com material concreto, algumas diferenças podem não ser percebidas. Por exemplo, quando dizemos que 2x3=6 (000+000) e 3x2 (00+00+00) também é igual a 6, pode parecer que é a mesma coisa, mas não é. Quando montamos a operação com material concreto (tampinhas, por exemplo), vamos verificar a diferença. Antes de decorar a tabuada é fundamental exemplificá-la manipulando quantidades concretas.

Fracionando

Estimula

Desenvolvimento da noção da relação parte/todo.
Aquisição do conceito de fração.

Descrição

Uma caixa redonda contendo nove círculos, de diâmetro igual ao da caixa, feitos com papel-cartão de várias cores. O primeiro círculo é dividido em duas partes iguais, o segundo em três partes iguais e assim sucessivamente, até formar dez pares. Em cada parte estão escritos os números correspondentes às frações (por exemplo: 1/4, 1/5 etc.).

Possibilidades de Exploração

- Desmontar os círculos inteiros em partes e montá-los novamente.
- Verificar as possibilidades de formar um círculo inteiro com frações diferentes. (Exemplo: ½+¼+¾ etc.)
- Pegar uma das partes maiores e descobrir como pode ser composta com frações menores.

Atividades Complementares

- Dobrar uma folha de papel marcando as dobras com cuidado.
- Verificar em quantas partes a folha fica dividida com a primeira dobra; fazer o mesmo com a segunda dobra, com a terceira, e assim por diante.

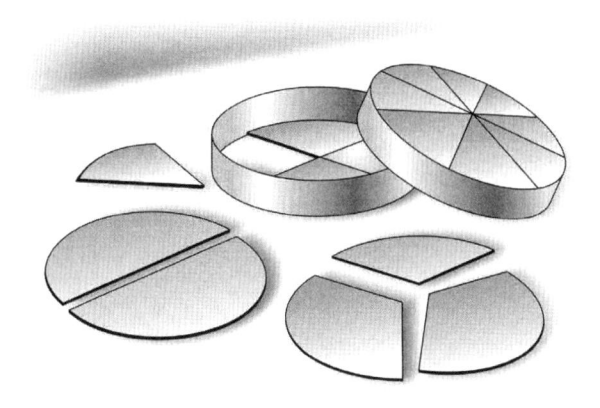

Atividades Gráficas

Desenhar cinco círculos e dividi-los em duas, três, quatro e oito partes. Colorir um círculo inteiro de verde, a metade de outro de vermelho, um terço de outro de amarelo, um quarto de outro de preto e um oitavo de outro de azul.

Para Reflexão

Piaget demonstrou claramente que a formação de sólidos conceitos matemáticos depende de toda a experiência e de todo o desenvolvimento anterior do aluno, cujos aspectos particulares são sucessivamente organizados pelo ensino planejado dos passos lógicos da matéria. Seria fácil supor que as crianças estão preparadas para iniciar sua aprendizagem no ponto da matéria em que o professor decidir começar, mas na realidade é essencial verificar se as experiências que tiveram foram suficientes para que tenham formado os conceitos básicos necessários.

Dado-Tabuada

Estimula

Aquisição do valor dos sinais.
Cálculo mental.
Operações matemáticas.

Descrição

Três dados de cartolina: dois com os números de 1 a 6, outro com os sinais de somar (+), subtrair (–), dividir (÷), multiplicar (x), maior que (>) e menor que (<). (Ver Confecção de dados.)

Possibilidades de Exploração

- Jogar os três dados; os dados com algarismos indicam os números e o outro dado determina o tipo de operação a ser realizada. (Exemplo: 3x5.) O jogador que acertar a resposta faz um ponto para o seu grupo. Quando o dado dos sinais der uma operação impossível, como 6<2, o jogador perde a vez e passa para o participante seguinte.

Atividades de Exploração

- Escrever a tabuada na lousa, sendo que cada criança escreve duas parcelas da tabuada. (Exemplo: 1x2=2, 2x2=4 e 3x2=6. O outro colega continua escrevendo sempre no sentido vertical, ou seja, embaixo dos números escritos anteriormente.)

Atividades Gráficas

Escrever as contas sugeridas pelos dados e os seus resultados.

Para Reflexão

A aprendizagem das quatro operações deve acontecer partindo de quantidades bem pequenas para que a compreensão do tipo de operação fique mais fácil de ser aprendida. Só quando o significado da operação for compreendido é que as quantidades manipuladas poderão aumentar e a tabuada ser introduzida.

Loto do Mais ou Menos

Estimula

Pensamento.
Cálculo mental.

Descrição

Seis cartelas iguais com números de 1 a 12, um dado com os sinais de soma e de subtração e um dado com números de 0 a 5. Sessenta marcadores (feijões ou tampinhas), 12 cartelinhas com números de 1 a 2.

Possibilidades de Exploração

- Distribuir as cartelas entre os participantes. Cada um, à sua vez, deverá sortear um número, jogar os dois dados e marcar o número que seja o resultado da operação indicada pelos dados. (Exemplo: se os dados derem +4 e o número sorteado for 6, marcará o número 10.) Se o total não existir na cartela por exemplo: se fosse +4 com o número 12, o jogador perde a sua vez.
- Ganha o jogo quem completar a cartela primeiro.

Atividades Complementares

- Distribuir dois números diferentes para cada criança.
- Sortear dois números por vez; quem tiver o número correspondente ao resultado de uma operação com os dois números sorteados livra-se de seu número. Valem quatro operações. (Exemplo: o professor sorteou 8 e 7; quem tiver 15 ganha, assim como também ganha quem tiver 1, porque 8 menos 7 é igual a 1.)

Atividades Gráficas

Inventar contas e efetuá-las.

Para Reflexão

Os jogos são também uma boa oportunidade para fazer com que as crianças se conheçam melhor. Ao final da atividade, pode-se fazer uma avaliação na qual todos os participantes poderão manifestar sua opinião sobre o jogo e dizer como se sentiram enquanto participaram. Foi bom? Houve alguma coisa que incomodou? Como podemos melhorar os jogos? Como foi a nossa participação?...

Dominó das Frações

Estimula

Desenvolvimento do pensamento lógico.
Aquisição da noção de fração.

Descrição

Vinte e oito dominós de cartolina, contendo frações representadas por numerais ou por figuras.

Possibilidades de Exploração

♦ Jogar como dominó, associando a fração representada por numerais à fração correspondente, representada em figuras.

Atividades Complementares

♦ Estabelecer relações entre as frações e as possibilidades de divisão dos números. (Exemplo: a quantidade 7 dá para dividir em três terços iguais? Quais as possibilidades de dividir o número 12 em partes iguais? E o número 18?)

Para Reflexão

A atuação do professor junto aos alunos é fundamental para levá-los a observar detalhes significativos e para ajudá-los a estabelecer relações de causa e efeito. Analisar o que foi feito, tomar consciência dos procedimentos, discutir sobre possibilidades são formas de assimilar e expandir o conhecimento a respeito. A tomada de consciência sobre as próprias ações contribui para o aperfeiçoamento do desempenho. O professor tem um papel de muita responsabilidade como animador do processo de conscientização de seus alunos.

Atividades Gráficas

Desenhar formas repartidas e escrever ao lado a fração correspondente.
Desenhar três quadrados e reparti-lo, respectivamente, em metade, um terço e um quarto.

Brincar, Jogar e Competir

Jogos e Competição

Tem sido bastante questionada a utilização da competição dentro dos processos educacionais. Houve tempo em que se considerava válida a classificação dos alunos em sala de aula de acordo com o nível do seu desempenho.

Graças a Jean Piaget, houve uma grande inovação quanto ao uso de estímulos tais como prêmios e punições: "a recompensa deve ser o próprio prazer de realizar bem a tarefa". Coloca-se o valor na atividade em si mesma e não fora dela. Este grande avanço contribuiu para a valorização do autoconceito do aluno e colocou as coisas nos seus devidos lugares relacionando desempenho e potencialidades.

Mas e na situação de jogo? É possível eliminar a competição? Certamente é possível aproveitar alguns aspectos positivos usando o discernimento. Os jogos competitivos são motivadores e estimulam a manifestação de potencialidades; entretanto, as situações competitivas põem à prova os limites de seus participantes e afetam suas emoções, podendo provocar sentimentos de oposição, causados pela frustração do perdedor ou pelo estresse de quem teve de se esforçar demais para conseguir vencer. Muitas vezes o prazer de realizar a atividade proposta pelo jogo já seria suficiente para provocar a participação, mas o desafio representado pela possibilidade de vencer, também constitui forte motivação.

Para neutralizar os aspectos negativos e aproveitar o estímulo advindo da competição, a melhor solução é optar por jogos grupais, ou seja, aqueles nos quais quem vence é o grupo. Na competição individual; os mais habilidosos vão ser sempre premiados e os outros sempre perdedores. Isto contribui para ressaltar as diferenças e alimentar individualismos.

Participando de um grupo, os mais fracos podem vencer, através de seu grupo, e os mais fortes terão que encontrar uma forma de ajudar os mais fracos se quiserem vencer. O que será ressaltado será o valor do próprio jogo e o prazer que a atividade proporciona. A participação em um grupo, quando existe um objetivo comum a todos, é a melhor maneira de fazer com que as pessoas se entendam e encontrem uma forma proveitosa de interagir.

Uma outra forma de neutralizar as diferenças de capacidade para vencer um jogo é optar pelos jogos nos quais o elemento "sorte" é que decide quem vai ganhar.

Nos JOGOS COOPERATIVOS, não existe competição individual, o desafio é uma proposta geral de participação na qual o objetivo pode ser alcançado coletivamente. Os aspectos lúdicos prevalecem sobre a necessidade de vencer.

De qualquer forma, a participação em jogos competitivos, é uma excelente oportunidade para que a criança (ou o adulto) viva experiências que irão ajudá-la a amadurecer emocionalmente, bastando para isso que a atividade seja conduzida com habilidade.

Os Jogos Mais Tradicionais

Jogo de Dominó

Características: 28 peças, que representam os seis lados de um dado, acrescidos dos espaços que representam o número 0. As peças são divididas ao meio porque o conteúdo de um dos lados deve ser anexado ao dominó que está na mesa; o outro lado indica qual deve ser a próxima peça a ser anexada.

Número de jogadores: Basicamente 4.

Dinâmica: Cada jogador pega sete dominós entre as peças, que deverão estar todas viradas para baixo, e as organiza de forma a escondê-las dos parceiros. Começa o jogo quem tiver a peça maior. O primeiro jogador coloca uma peça no centro da mesa e o próximo deverá colocar uma outra que tenha lado igual a um dos lados da peça da mesa, e assim por diante. Quem não tiver um dominó que possa ser colocado perde a vez. Vence o jogo quem terminar suas peças primeiro.

Jogo de Loto

Características: Cartelas contendo números e pecinhas com os números correspondentes para serem sorteados. O número de peças pode variar de acordo com o número de jogadores.

Número de jogadores: Pode ser estabelecido de acordo com o número de cartelas.

Dinâmica: Distribuem-se as cartelas entre os jogadores. Alguém vai sorteando as peças. Quem tiver o número sorteado coloca a peça em cima de sua cartela, ou então marca a cartela usando alguma outra pecinha para marcar. O primeiro que conseguir preencher a cartela fala "loto", ou então "bingo", para avisar que completou e, portanto, ganhou o jogo. No lugar de números, as cartelas podem conter letras ou figuras, que também estarão nas pecinhas para serem sorteadas.

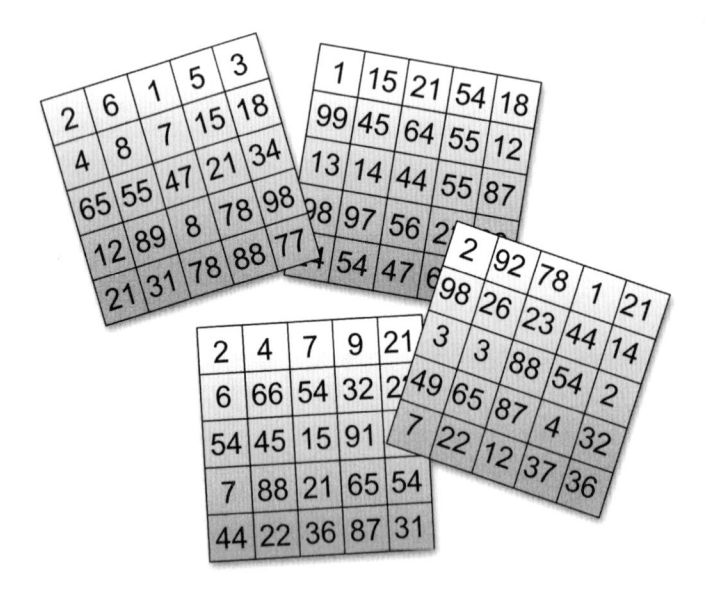

Jogo da Memória

Características: 36 cartas ou peças que são idênticas em um dos lados e diferentes no outro, que contêm figuras aos pares.

Número de jogadores: 2 a 4.

Dinâmica: Colocar todas as peças voltadas para baixo de maneira que fiquem todas iguais. O primeiro jogador vira duas peças. Se forem iguais ele ganha as peças; se não forem, deverá recolocá-las no mesmo lugar. Os outros jogadores deverão tentar memorizar a localização de cada peça para que, na sua vez de jogar, possam tentar formar um par, virando as duas cartas iguais. Vence quem conseguir ficar com maior número de peças.

Jogo de Dados

Os dados possibilitam muitas formas diferentes de jogo. Podem ser feitos de todos os tamanhos e dos mais diferentes materiais. Podem ser dados com números, com cores, com letras, com figuras ou com sinais, de acordo com o jogo que se quer jogar.

Por serem tão úteis e versáteis, vale a pena tentar fazê-los. Poderão ser vazios, se forem feitos de madeira ou cartão duro, ou recheados de papel, de isopor ou retalhos, no caso de serem feitos de cartolina. Também podem ser cobertos de tecido ou plastificados. Abaixo apresentamos um modelo-padrão.

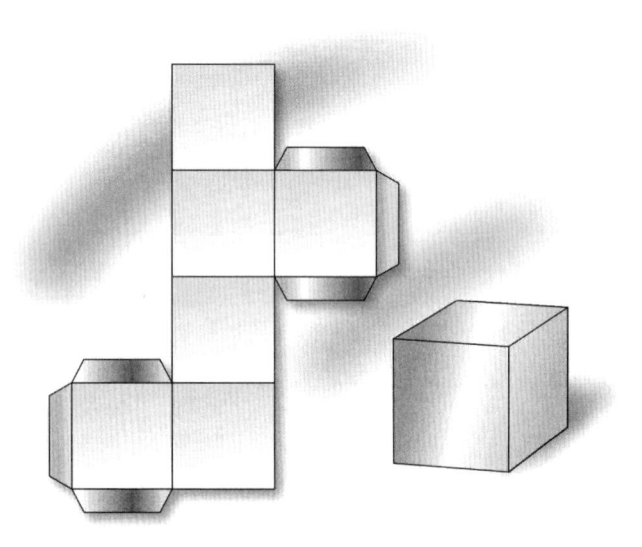

A Importância da Embalagem

A embalagem é parte fundamental do jogo. Certos jogos dependem de uma boa embalagem para serem funcionais. As embalagens feitas com garrafas de refrigerante transparentes são ótimas para guardar pecinhas de plástico coloridas ou outros objetos pequenos, como tampinhas, para serem utilizados como marcadores nos jogos de circuito.

Uma embalagem bem adequada ao brinquedo proporciona mais segurança à criança que vai utilizá-lo. Se a caixa for boa e de fácil manuseio, despertará a vontade de guardar as peças de volta, pois a sensação de arrumar tudo e colocar a tampa ao final da atividade é gostosa, dá a impressão de dever cumprido e, portanto, reforça o autoconceito.

A beleza da embalagem é importante não somente para motivar as crianças a utilizarem o jogo, mas também para acostumá-las a um bom padrão estético. Não podemos esperar que desenvolvam bom gosto se lhe oferecermos caixas feias, sujas ou malfeitas.

As embalagens devem ser motivadoras e funcionais para que as atividades a serem realizadas com os jogos sejam favorecidas.

Aproveitamento de Caixas de Sapato

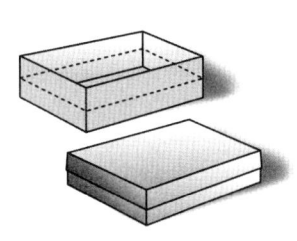

As caixas de sapato podem ser diminuídas na altura (figura à esquerda) e na largura (figura à direita). Neste caso, depois de cortada a caixa pelo meio, enfiar uma parte da caixa dentro da outra e prender com fita adesiva. Depois pode-se cobrir a caixa com papel fantasia.

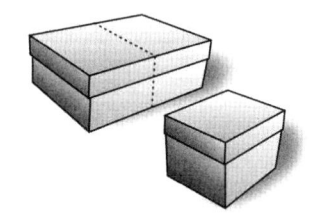

Para fazer caixas de tamanho especial, mede-se a área desejada e acrescentam-se as laterais na medida da altura necessária. Depois de recortada no papel-cartão dobram-se as laterais e prendem-se com durex.

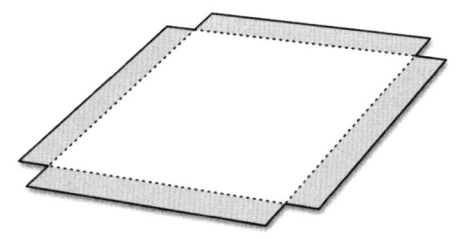

A tampa é feita do mesmo jeito, mas acrescentando 3 mm de cada lado.

As caixas dão um outro valor ao jogo pois, além de o embelezarem, asseguram melhor acomodação e melhor conservação.

A Sucatoteca

A utilização de materiais descartados, ou seja, de SUCATA, é uma necessidade por várias razões: é preciso reciclá-los para que não poluam os rios; é preciso aproveitá-los porque não existem recursos para comprar brinquedos e materiais pedagógicos, mas principalmente porque precisamos criar o hábito de recriar, de enxergar possibilidades ao nosso redor, de buscar o novo e de transformar.

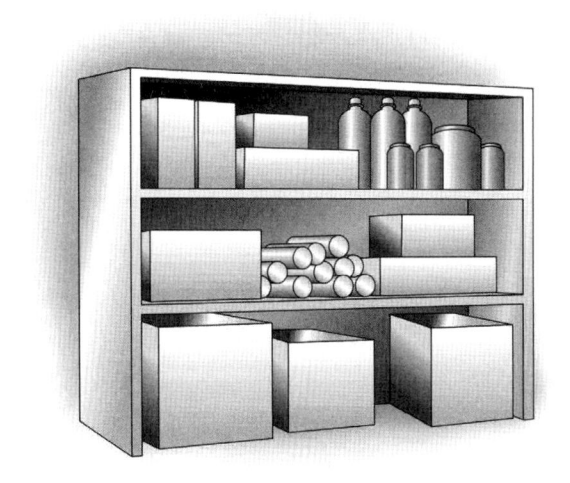

Tanto as crianças como os adultos podem se divertir reinventando. Uma garrafa de plástico, uma tampa colorida ou uma caixinha jeitosa podem despertar o mágico adormecido dentro de nós. Entretanto, para acumular essa matéria-prima, que pode ter chegado até nós em forma de lixo, algumas providências são indispensáveis, e uma boa ideia é a criação de uma SUCATOTECA. Esse almoxarifado, onde todo o material vai estar guardado, deve ser um lugar arejado, fácil de limpar, que tenha uma boa pia ou tanque e muitas prateleiras, nas quais serão colocadas as caixas contendo a sucata limpa, selecionada e classificada. Sem isso, ou seja, sem uma SUCATOTECA organizada, o material descartado não passará de lixo e, portanto, não estimulará ninguém a lidar com ele. Muito pelo contrário, será um convite a uma boa limpeza, para jogar tudo fora.

Não podemos guardar peças sujas; tudo tem de ser limpo assim que chegar. Esta poderá ser uma atividade que as crianças vão adorar: lavar todas as peças, enxugá-las e guardá-las, cada uma em seu lugar certinho. Garrafas plásticas podem servir como embalagem para peças pequenas. Garrafas de plástico flexível poderão ser cortadas para fazer um estoque de lâminas de plástico para serem usadas na confecção de letras, números etc.

As REVISTAS são muito importantes, por causa das figuras. Também precisaremos de revistas iguais, para possibilitar a confecção de jogos de loto, de memória etc.

As TAMPAS de plástico, desde as tampinhas de pasta dental até as tampas grandes dos *sprays* e dos desodorantes, devem ser guardadas sempre, pois, para que possamos utilizá-las, precisaremos delas em quantidade.

As CAIXAS de todos os tipos, desde caixas de fósforos e de pasta dental até as caixas grandes de supermercado, também poderão ser úteis. Às vezes precisaremos de várias do mesmo tamanho e de mais todo um universo de milhares de objetos que podem ser aproveitados; mas, para isso, têm de estar limpos e disponíveis.

Nesta pedagógica arte de transformar o que parecia inútil, a grande magia é o que acontece com a pessoa que a exerce, pois o prazer de criar mobiliza o que existe de melhor dentro de nós.

Bibliografia

BREAELEY, Molly e HITCHFIELD, Elizabeth. "Guia prático para entender Piaget". São Paulo, IBRASA, 1973.

CUNHA, Nylse Helena Silva. "Brinquedo, desafio e descoberta". Rio de Janeiro, FAE-Ministério de Educação e Cultura, 1988.

_____. "Brinquedos, Desafios e Descobertas". Petrópolis, RJ, Vozes, 2005.

_____. "Brinquedo, Linguagem e Alfabetização". Petrópolis, RJ, Vozes, 2004.

_____. "Material pedagógico: manual de utilização". Rio de Janeiro, FENAME, São Paulo, APAE, CENESP, 1981.

CUNHA, Nylse Helena Silva e CASTRO, lacy Correa. "SIDEPE-Sistema de Estimulação Pré-Escolar", 6ª edição. São Paulo, Cortez, 1986.

CUNHA, Nylse e NASCIMENTO, Sandra. "Brincando, aprendendo e desenvolvendo o pensamento matemático". Petrópolis, RJ, Vozes, 2005.

FERRERO, Emilia. "Reflexões sobre alfabetização". São Paulo, Cortez, 1985.

FURTH, Hans e WACHS, Harry. "Piaget na prática escolar – A criatividade no currículo integral"; tradução de Nair Lacerda. São Paulo, IBRASA, 1979.

HOHMANN, Mary; BANET, Bemard; WEIKART, David. "A criança em ação" (*Young Children in Action*); tradução de Rosa Maria de Macedo e Rui Santana Brito. Lisboa, Fundação Calouste Gulbenkian, 1992.

MARCELLINO, Nelson Carvalho. "Pedagogia da animação". Campinas-SP, Papirus, 1990.

ROGERS, Carl. "Liberdade para aprender". Belo Horizonte, Interlivros, 1978.

Índice Analítico do Conteúdo das Atividades

Abecedário, 129, 138
Abotoação, 25, 31
Ação antecipatória, 17, 101
Alfabetização, 128, 129, 130, 131, 133, 134, 135, 136, 137, 138, 139, 143, 144, 145, 147
Alinhavo, 20, 39
Amarrar, 23
Amassar, 24
Análise e síntese, 96, 97, 116, 117
Arremesso, 17, 19, 26, 28, 133
Associação de cores, 32
Associação de ideias, 104
Associação de figuras a palavras, 128, 130, 136
Associação de numerais a quantidades, 26, 157, 169
Atenção, 21, 30, 31, 33, 34, 39, 47, 54, 58, 59, 60, 64, 65, 85, 97, 103
Cálculo mental, 19, 26, 158, 159, 160, 162, 165, 166, 168, 170, 172, 173
Calendário, 84
Classificação, 64, 66, 95, 98, 100, 105, 109, 113, 116, 160
Comparação, 31, 42, 58, 73, 75, 95, 109, 112
Composição e decomposição, 83, 84, 97, 116, 117, 120, 128, 131, 136, 144, 146, 148, 162, 164, 171
Conceito de antes, depois e entre, 106, 129, 157, 161
Conceito de ascendente e descendente, 157
Conceito de conjunto, 109, 119, 169
Conceito de conservação de quantidade, 119
Conceito de constância de massa, 24
Conceito de "dentro e fora", 36
Conceito de duração do tempo, 81
Conceito de "em cima e embaixo", 36
Conceito de forma, 53, 55, 102, 110, 119
Conceito de igual e diferente, 47, 48, 50, 51, 53, 54, 82, 98, 99, 110, 119

Conceito de peso, 51
Conceito de posição, 73, 76, 119
Conceito de semelhança, 110, 119
Conceito de sequência, 83, 106, 119
Conceito de simetria, 65
Conceito de tamanho, 42, 58, 102, 119
Conceito de temperatura, 48
Conceito de tempo, 81
Conceito de valor, 120, 172
Concentração da atenção, 30, 33, 40, 54, 56, 58, 59, 64, 84, 86, 95, 97, 98, 104, 106, 107, 129, 141, 167, 170
Conhecimentos gerais, 33, 104, 105, 118
Contagem, 26, 85, 169
Contorno, 27
Controle corporal, 18
Controle de força, 17, 19, 26, 29, 32
Coordenação bimanual, 25, 102
Coordenação visomotora, 22, 26, 27, 30, 32, 34, 36, 98, 140
Cópia, 34, 137
Correspondência biunívoca, 36
Criatividade, 24, 41, 74, 95, 102, 114, 117
Crítica, 147, 149
Destreza, 18, 28, 59, 101, 111, 133, 142
Discriminação auditiva, 89
Discriminação de cores, 32, 39, 64, 66, 109, 110, 119
Discriminação de figuras, 59, 62, 63, 65, 83, 97, 103, 106, 108
Discriminação de formas, 31, 49, 58, 60, 64, 87, 98, 109, 110, 119
Discriminação de letras, 132, 135, 136, 142
Discriminação de odores, 50
Discriminação de pesos, 51
Discriminação de quantidades, 119
Discriminação de texturas, 49, 57

Discriminação de silhuetas, 61
Discriminação de sons, 47, 56, 141
Discriminação de tamanhos, 42, 49, 119
Discriminação de temperaturas, 48
Encaixe, 35, 36, 42, 58, 60
Enfiagem, 22, 23, 39
Enganchamento, 29, 37
Enrolamento, 22
Equilíbrio, 18, 28, 119
Escrita, 34
Esquema corporal, 71, 72, 73, 74, 75, 76
Estruturação tempo-espaço, 54, 71, 75, 81, 83, 84, 85, 89
Exploração, 24
"Faz de conta", 38, 74, 105
Frações, 171, 174
Frases, 147, 148, 149, 150
Gramática, 150, 151
Horas, 85, 86, 88
Habilidade manual, 20, 21, 22, 23, 25, 29, 31, 32, 34, 35, 37, 38, 41, 71, 112, 115, 117
Identificação, 27, 32, 98, 99, 127, 132, 133, 135, 137, 158
Identificação do todo através de uma parte, 103, 128
Imaginação, 52, 95, 100, 104, 105, 113, 114, 115
Leitura, 142, 144, 145, 146, 147, 148, 149, 150, 151
Letras, 27, 129, 131, 132, 134, 135, 139, 143, 144
Linguagem verbal, 33, 62, 64, 74, 95, 100, 103, 104, 105, 106, 108, 114, 115, 127
Manipulação de quantidades, 119
Memória, 52, 99, 118, 138, 141, 168
Memória visual, 59, 107, 114
Motricidade ampla, 17, 18, 19, 26, 28
Movimento de pinça, 32
Noção de divisão conceitual do tempo, 84
Noção de direção, 101
Noção de direita e esquerda, 72
Noção de mais velho e mais novo, 75
Noção de medida linear, 102
Noção de par e ímpar, 66, 161
Noção de unidade e dezena, 167, 168, 169

Noção de vertical e horizontal, 157, 167
Noção de superposição, 83
Numerais, 26, 27, 85, 157, 158, 160, 161, 167, 168
Observação, 33, 40, 81, 111, 127
Operações matemáticas, 66, 119, 159, 160, 161, 162, 163, 164, 165, 166, 168, 172, 173
Ordenação, 42, 129, 131, 148, 157, 160, 161
Orientação espacial, 17, 26, 28, 66, 87, 90, 101, 116, 119, 157, 167
Ortografia, 137, 143
Palavras, 128, 133, 134, 136, 137, 139, 140, 142, 143, 144, 145, 147, 150
Pensamento lógico, 35, 49, 52, 53, 55, 95, 100, 101, 103, 104, 106, 107, 109, 111, 112, 116, 117, 119, 127, 140, 141, 143, 145, 149, 151, 158, 159, 160, 162, 164, 165, 166, 167, 173, 174
Percepção auditiva, 47, 54, 89, 141
Percepção estereognóstica, 49, 52, 53, 55
Percepção olfativa, 50
Percepção tátil, 25, 26, 27, 48, 49, 51, 53, 55, 56, 57
Percepção visual, 25, 31, 32, 33, 39, 42, 61, 62, 63, 64, 65, 66, 90, 103, 106, 108, 110, 114, 116, 135, 159
Perspectiva, 90
Reconhecimento (ver Identificação)
Recorte, 22, 27, 38, 39, 41, 42
Relação espaço-quantidade, 119, 157
Reprodução de figuras, 66, 87, 102
Ritmo, 54, 89
Salto, 18
Sequência alfabética, 129, 138
Sequência lógica, 83, 106, 119
Sequência numérica, 84, 157, 161, 167
Sílabas, 128, 144, 145, 146
Sinais matemáticos, 172
Tabuada, 163, 170, 172
Tecelagem, 21
Uso de régua, 18
Vocabulário, 29, 59, 62, 95, 100, 103, 105, 108, 127, 128, 137, 143, 150

Impresso por :

gráfica e editora

Tel.:11 2769-9056